体内時計のミステリー

最新科学が明かす睡眠・肥満・季節適応

Circadian Rhythms

ラッセル・G・フォスター
レオン・クライツマン ◆著

石田直理雄 ◆訳

大修館書店

Circadian Rhythms: A Very Short Introduction
was originally published in English in 2017.
This traslation is published by arrangement with Oxford University Press.
Taishukan Publishing Company, Ltd.
is soley responsible for this translation from the original work and Oxford University Press
shall have no liability for any errors, omissions or inaccuracies or ambiguities in such
translation or for any losses caused by reliance thereon.

この本を、妻エリザベスと、
3人の子ら（ヴィクトリア、ウィリアム、シャーロッテ）に捧ぐ
Russell Grant Foster

この本を、我が孫、ジョシアとエリーゼに捧ぐ
Leon Kreitzman

謝辞

　多くの研究者仲間から、この原稿にアドバイスしていただいた。特に、Bambos Kyriacou 教授（レイチェスター大学、行動遺伝学）には、第5章に手を入れてもらった。また、Aarti Jagannath 博士と Sridhar Vasudevan 博士の、親身なディスカッションと助言に感謝している。

はじめに

サーカディアンリズムは、地球上のすべての生物に存在している。それは生命が地球の自転や公転が起こす環境変化に適応するための戦略である。生物のもつ体内時計は、生物学の中で最も重要で横断的なテーマでもある。体内時計の理解はあらゆる出来事、例えばヒマワリが東から西へ太陽を追いかけたり、モナーク蝶がメキシコからカナダへ渡りをしたり、ヒトの心筋梗塞が朝方になぜ多いのかということも説明する。

この地球には多様な生物が存在するが、体内時計はたいへん似通った方法で地球の自転に同調する。それは転写・翻訳フィードバックループ系（TTFL）と呼ばれる、現代の先進科学が明らかにした、時計遺伝子とそのタンパク質からなる複雑な仕組みである。これを明らかにすることで、我々の日々の行動が理解できる。

サーカディアンリズムは、バクテリア、藻類、カビ、植物から動物まで存在するが、本書では主に哺乳類に焦点を当ててみたい。ラットやマウスはたいへんよく知られた生き物だが、ここで用いられる専門用語は時として難解で難しいと感じられるかもしれない。そこで本書では、言葉よりその概念（コンセプト）が理解しやすいように工夫した。

サイエンスはとても忍耐が要求されるものであり、多くの発見は数十年の時を要している。このような研究成果をわかりやすく解説することはたやすい仕事ではない。我々としては、なるべく

一般読者にわかりやすく説明したつもりなので、どうか最後まで
おつき合いいただきたい。
　最後に本書をレヴューしてくれた１人の金言を紹介する。

「もしあなたが微積分を理解したいのなら、方程式と図形の
　関係から入りなさい」

　この努力は無駄ではないだろう。なぜなら体内時計は生命の本
質であり、この仕組みを理解することで我々自身と我々が住む環
境の理解がより深まるからである。

CONTENTS
体内時計のミステリー
最新科学が明かす睡眠・肥満・季節適応

Chapter 1

サーカディアンリズム
－体内時計による 24 時間周期現象－

Circadian rhythms: A 24-hour phenomenon

　生命がおよそ 38 億年前に誕生して以来、数え切れないほどの夜明けと夕暮れが繰り返されてきた。その間に、地球の自転速度は少しずつ遅くなり、現在では 24 時間よりやや短い周期となっている（正確には 23 時間 56 分 4 秒）。

　このように決まって繰り返される太陽系の動きによって、環境の明るさ、気温、食料の入手しやすさなどが、朝、昼から夜に至るまで規則的に大きく変化していく。この 1 日の変化を予測するため、ヒトをはじめとしたほとんどの生物は、体内に時計をもっている。何らかのかたちで時計をもっていることで、昼夜の周期にしたがって生じる様々な必要性に対して、先回りして生理機能や行動を最適化することが可能になる。生物は効率よく時刻を「知る」ことができるのである。

　体内で引き起こされるこのような 1 日のリズムを「サーカディアンリズム」（訳注：概日リズムと訳す場合もある）（circadian rhythm）と言う。この circadian とは、ラテン語の circa（英語の

about、おおよそ）と dies（day、1 日）を組み合わせてつくられた言葉である。

　地球の自転を予測するサーカディアンリズムを利用することで、生物は捕食者や競争者に対して、非常に優位に立てると考えられる。例えばサンゴ礁に住む魚の目は、暗い環境から明るい環境へ切り替えるのに 20〜30 分ほどかかる。これからくる夜明けに対して目を切り替える準備ができていれば、新しい環境のもとでより早く活動できることになる。準備をしていなければ、目が明るい環境に適応するまで、貴重な活動時間を無駄にしてしまい、捕食者を避けたり、エサをみつけたりするのが、さらに難しくなってしまうのである。時間を有効に使う道を選ぶことが生き残りのために有利になることから、結果的にすべての生物が、外部環境の繰り返す変化を予測して活動しているのではないだろうか。

　生物のプロセスは正しい順番（「時間枠」）で行われる必要があり、体内時計は、生物の体内で同時にすべてのことが起きるのを防いでいる。例えば、細胞がきちんと機能するためには、正しい物質が正しい場所に、そして正しいタイミングで存在しなければならないし、何千もの遺伝子のスイッチのオンオフが順番に整然と切り替わる必要がある。また、タンパク質、酵素、脂質、糖質、ホルモン、核酸などの物質が、正確な時間枠に従って吸収、分解、代謝、産生されなければならないし、成長、生殖、代謝、移動、細胞修復などのためにエネルギーを獲得して、いくつもの細胞に割り当てる必要がある。こうしたプロセスには、すべてエネルギーが必要であり、ミリ秒、秒、分、時、年の単位で効率よく時間が調整されなければならない。体内でのこのような時間の割当てや同期が行われなければ、我々の生物機能は、めちゃくちゃになってしまうだろう。

　外部環境の変化を予測して体内で時間枠を当てはめるためには、サーカディアンリズム調整システムが生物機能に組み込まれている必要がある（これを体内時計と呼ぶ）。サーカディアンリズムのメカニズムは、遺伝子発現、タンパク質合成、最終的には行動の24時間周期の変動がもとになっており、このような変動は、コア時計遺伝子の発現レベルによって制御されている。リズムが役立つものになるには、地球の自転によって昼夜変化、気温、食料獲得、降雨、捕食（の危険）などが変化する外部環境と同調しなければならない。このような時間の手がかりになる信号は同調因子と呼ばれている。ここで大事なことは、リズムが外部の周期によって形づくられるものではなく、内因性のものであることであり、その内因性のリズムが外界の周期に合わせて同調されていることである。

　ほぼすべての植物、動物、菌類、藻類、シアノバクテリア（光合成を行う真正細菌）のゲノムには、サーカディアンリズムをつくる仕組みが組み込まれている。我々が眠ったり起きたり、食べたり飲んだりという1日のパターンは、目覚まし時計や運動した量だけではなく、基本的には体内時計の情報によっている。例えば地下深く、極地の冬の季節、隔離された実験室など、時間の手掛かりが与えられない環境でも、体内にある時計は時を刻んで我々を動かそうとするのである。

　ヒトの生理機能は、活動と睡眠という1日の周期で構成されている。活動の局面では、もしエネルギー消費が高まり食品や水を摂取したら、からだの各器官は栄養摂取、分解、吸収の準備をしておかなければならない。例えば、胃、肝臓、小腸、十二指腸などの器官に対する血流供給は、体内で同調して働かなければならないのである。その同調は時計によって可能になる。寝ているあ

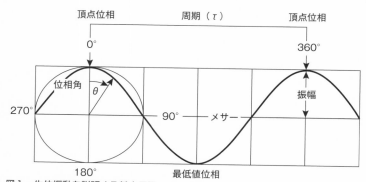

図1 生体振動を説明する基本用語
　光や温度が一定の条件下では、正確には24時間周期ではなく、それよりも少し長いか短くなるが、種によって異なる。

いだにほとんどからだは動かないが、体内では細胞修復、解毒、脳内の記憶定着や情報処理など重要な活動がたくさん起こっている。時差ぼけやシフトワークによって、こうしたパターンが乱れると、体内でサーカディアンリズムの不調和が起こり、適切なことを適切なタイミングで行う能力が大きく損なわれるのである。

　生物の時計やリズムには、書ききれないほどの多様性があるが、24時間時計の時針が1周するあいだの様子を24時間のリズムとして模式図で表したのが図1である。正弦波がリズムを図示し、細胞レベルでmRNAや酵素、タンパク質、神経伝達物質など本当に様々な物質の濃度が上がったり下がったり体内時計制御されている様子を示している。

　振動の周期（τ）は、連続する基準点のあいだを1周（360度）する時間で定義される。周期の頂点は頂点位相、生物パラメーターのメサー（変数が振動する平均値）に対する増加または減少の範囲は振幅と呼ばれる。頂点から谷までの偏角としても振動は定義されている。位相角（φ）は直感的にはわかりづらいが、時

計の文字盤の針を想像してみよう。針を時計の文字盤の曲面まで伸ばしてみると、スタート時との間に角度ができる。これが位相角つまり振動の一時点と基準角度との間の角変位ということになる。

　恒明条件、恒暗条件などの一定条件下で、同調因子に接しなかった場合、サーカディアンリズムは「フリーラン」をする。生物種による差に加えて、同じ生物種でも個体差が存在する。生物は種によって固有の周期をもつが、その長さは22〜25時間の範囲で様々である。ヒトは24時間10分という若干長い体内時計をもっていて、フリーランの状態では毎日10分ずつリズムが遅れていくことになる。

　一定の条件下で、ほぼ24時間のリズム活動が何周期もみられるということは、真のサーカディアンリズムを定義する重要な特徴の1つと考えられる。単に外部環境の変化によって、24時間の活動パターンが起こるのではないのである。南極・北極や地中、深海、ハチの巣やシロアリ塚の暗い内部などに住む生物を例外として、ほとんどの生物は恒明条件や恒暗条件などという一定の環境を経験したことがないにもかかわらず、一定の条件化で何周期もサーカディアンリズムが持続することは、驚くべきことである。

　ハチの行動は、体内時計調整の例として以前から知られている。ハチは花から蜜や花粉を集めに出掛けるとき、環境の変化に敏感に同調する。花は自ら昆虫のもとへ足を運ぶことはできないから、受粉の手助けをしてくれる昆虫を呼び寄せなければならない。植物は、24時間周期で1日のうちの決まった時間に、蜜、花粉、香りを強く放つ。花に関する情報がすべて時間に紐づけされ、ある種の花は1日のうち決まった時間にしか蜜をつくらない。短い時間枠で特定の種に集中して、蜜が利用できるようにすることで、

他家受粉（花粉を移して異なる株のめしべに受精させる）の確率を上げているのである。

　ハチと顕花植物（花を咲かせる植物）は、1日の重要な活動のタイミングを同期させるように共進化してきた。ハチと顕花植物は、体内時計によって先を予測して準備をする。実際にハチには花を訪れるスケジュール帳があり、1日に9回もの予定を「思い出す」ことができるのである。ハチは特定の時間に現れ、報酬として食料を得て、その代わりに他家受粉のお手伝いをする。ハチと植物は、体内で光周性の情報を共有していて、時間が「わかる」ので、体内の「時計」を同期させることができるのである。

　ミツバチ、アリ、スズメバチ、シロアリなどの社会性昆虫の巣には、多くの個体が生活している。こうした複雑な社会において、働きバチ、働きアリなどは正確にタイミングを合わせて分業をする。活動を円滑に行うことで巣を効率的にして、コロニーの血縁関係にある個体たちの健康状態をよくするのである。ミツバチの花蜜の受け渡しは、複雑な時間調整の一例である。働きバチは日中に集めた花蜜を「受取り役」の専門集団に渡す。そして、花蜜を受け取った働きバチは、巣の空いているスペースを探して収納する。花蜜は後でハチミツに加工される。受取り役のハチは通常暗くて常温の巣の中にいるので、光や温度という時間の手がかりがない。しかし、外界で時間の手がかりに接している働きバチと交流をすることで、正確な時間を「知る」ことができるのである。この場合、働きバチが同調因子の働きをしていることになる。

　生物は体内時計システムを使って24時間の予測可能な世界を実現するが、そのシステムは柔軟さをもっていなければならない。新たに成虫となったハチの移動行動や代謝には、ふつうサーカディアンリズムがみられない。短い一生の後半にしかサーカディ

アンリズムはみられないのである。成虫になってから2〜3週間目のミツバチは幼虫の面倒をみる（保母虫）が、これは四六時中休みのない活動で、そのときのミツバチには、はっきりとしたサーカディアンリズムがみられない。しかし、巣の外で花蜜を採集する役割に移行した後、しっかり同調されたサーカディアンリズムがみられるようになり、夜のあいだに休息する時間帯ができる。発達段階によって環境が大きく変わっていく中で、最も効率よく活動して役割を果たすことができるのも、リズムに柔軟性（可塑性）があるからである。

　ある種の魚は、昼行性と夜行性のどちらかを示し、季節や成長段階によって昼行性から夜行性、あるいは夜行性から昼行性に変化する。このような体内時計依存行動の可塑性は、極地に住む生物にとって特に重要となる。北極地方のトナカイのような種は、1年のうちでかなりの期間、光周期（日長）の情報（第8章）が極端に少なくなったり、まったくなかったりする地域に住んでいる。こうした動物は夏にずっと明るく、冬はずっと暗い環境で過ごす。

　このような季節にはサーカディアンリズムを生み出す時計の働きは、完全になくならないにしても、非常に弱くなる。時計のスイッチを切ることで、食料がもっとも得やすくなるからだ。北極トナカイが厳しい冬に、草を探し当てて食べることができる可能性はゼロではないが、夏に豊富な草木を食べ続けることで体内に栄養を蓄え、厳しい冬への備えとしているのである。

　サーカディアンリズムとはいったい何なのか、どのように働くのか、健康にとってどれほど大事なのかは知らないまでも、我々は何千年も前からその存在に気づいていた。紀元前4世紀、アレクサンダー大王配下の提督の1人であるアンドロステネス（Androsthenes）は、タマリンドの葉が1日のうちに巻いたり伸

びたり動くと記している。また、医学の祖であるヒッポクラテス（Hippocrates）とガレノス（Galen）は、ヒトの出す熱に関係した24時間の周期性があると書き残している。何世紀にもわたって、動物や植物が24時間周期で活動していることを示す観察はたくさん行われてきたが、それらは自然界の興味深い事実という以上のものではなかった。それを変えたのは、ドゥメラン（Jean Jaccques d' Ortous de Mairan）によって1729年に行われた画期的でシンプルな生物実験だった。

　ドゥメランは、オジギソウ（おそらく *Mimosa pudica*）が、日中は太陽に向かって方向を変えることを知っていた。しかし、オジギソウは太陽の位置を察知するだけでなく、太陽に対して別の形でも反応する。その葉は、日没とともに垂れ下がり、日中になると立ち上がる。ドゥメランは、オジギソウを食器棚にのせて、暗闇の中においておくと何が起こるかを観察した。彼が何度ものぞいてみたところ、葉が周期的に開いたり閉じたりするのが観察できた。それは、まるで昼と夜があるかのようだった。オジギソウが夜と「判断」した時（主観的夜）にはその葉は垂れ下がり、日中と判断すれば（主観的昼）立ち上がった。意図せずして、植物には一定の条件下でも持続する内部リズムがあることを示したのである。つまり、体の中に独自の体内時計があるという事実が示されたのだ。しかし、このリズムに名前がつけられ、内因性のものだということが受け入れられるのは、それから230年後のことだった。

　米国の生理学者であるリヒター（Curt Richter）は、1920年代にげっ歯類の24時間の睡眠・覚醒行動が内在的な推進力によって動かされていることを初めて示した。主に野生個体のラットによる手作りの回し車を用いた研究を行い、ラットが外部環境の直

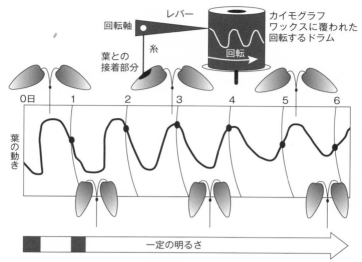

図2　カイモグラフのドラムを使って記録された葉の動き

接の影響から独立した独自のリズムをもっていることを示すこと
ができた。また、1930年代にドイツのビュニング（Erwin Bünning）
は、ベニバナインゲン（*Phaseolus Coccineus*）の葉をカイモグラ
フに苦心して糸で結びつけ、実験を行った（**図2**）。明暗周期条件
あるいは、恒明条件あるいは恒暗条件において葉の動きの様子を
記録した。**図2**に示すように、レバーの圧力と動きで24時間回
り続ける、ワックスが塗ってあるか、すすをつけた用紙で覆われ
ている回転するドラムに、葉の上下動の記録が残る。初日（図の
0日から1日）は明暗を繰り返す条件で記録した。明るいうちは
葉は起き上がっていた。翌日以降（図の1日から6日）は、一定
の明るさのもとにおかれた。一定の条件下でも葉の動きのリズム
は継続してみられたが、その周期がだんだん長くなっていった。

葉の上下動は、24 時間より遅れていったのである。図中の黒点は、毎日の外部時間の24時を表しているが、そのときの葉の位置に注意してほしい。1930 年代半ばまでにビュニングは、少なくとも植物の「生物時計」または「体内時計」（biological clock は彼が新しくつくった用語）が内因性であることを示したのだ。

　リヒターやビュニングが発展させた体内時計（internal clock）という考え方が、生物のプロセスについて統一的な理解をすすめるのにとても役立つことを強調しておこう。以下のように、恒常性維持機構と体内時計システムの結びつきを生理学的に理解することが可能になる。恒常性維持機構は、外界の予期できない揺らぎ（雲が頭上を通り過ぎたときの温度変化、外敵に追われて走って逃げた後の回復）に対して、体内環境を一定に保とうとする。体内時計によって、生物は外界の周期的変化を予測することができるし、また、生理学的パラメーターの24時間の安定した基準値を与える。恒常性維持機構は外界の急な変化への対応を示し調整するのである。

　図3に示したように、体内時計システムの構成要素には、システムの心臓部となる24時間の中枢ペースメーカーが存在する。同調因子と同調経路は、多くの場合、明暗サイクルを通して内部時間を外部時間に同調させる。そして多重的に出力される生理機能や行動のリズムによって、きちんと時間調整された活動が可能になる。多細胞組織に内在する数多くの時計はバラバラの位相角（図1）で時を刻む可能性がある。しかし通常は中枢ペースメーカーの働きによってお互いに同期し、また同調因子を介して外界に同調する。

　図3に示されたシンプルなモデルは、体内時計の研究において鍵となる概念であり、思考と説明をまとめる有用な道具となる。

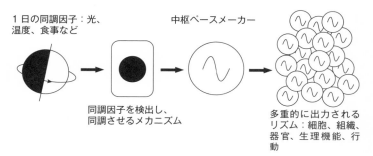

図3　体内時計システムの構成要素

サーカディアンリズムは実は遺伝子に書き込まれていて、内在的につくりだされ、一定条件の環境下でも約 24 時間周期で自律性をもつ。体内時計にはさらに重要な特性がある。周りの環境の温度が変化しても 1 日の時間は一定でなければならないということから、時計というものには「温度補償性」が欠かせないのである。これは体内時計の驚くべき特性である。生体反応はふつう温度による変動が非常に大きく、温度係数（Q_{10}）は約 2 を示す（$Q_{10}=2$）。これは、生体反応が停止する限界の温度になるまで、生物プロセスまたは生体反応は、温度が 10 度上がるごとに速さが 2 倍になることを意味している。例えば筋肉の収縮速度とパワーは筋温が下がれば低下し、筋温が上がれば上昇する。つまり、筋温が 10 度上がればパフォーマンスは 2 倍になるということである。対照的にサーカディアンリズムの温度係数は 1 に近い値を示す（$Q_{10}=1$）。

　温度補償性のない時計は役に立たない。18 世紀英国の時計職人のハリソン（John Harrison）が製作した機械式時計（クロノメーター）は経度委員会の懸賞金を獲得したが、その時計は温度変化

の影響を受けないように膨張率の違う金属が使用されていた。彼のつくった時計は船の中で、錨を下ろすのがロンドンであろうがカリブ海であろうが、速くなったり遅くなったりしなかった。体内時計は温度補償性を示し、それは体内時計システム全体で変わらずみられる特徴であるが、どのように実現されているかについてはほとんどわかっていない。

　サーカディアンリズムの研究が包括的に行われるようになったのは、ようやく 1950 年代になってからである。ピッテンドリー（Collin Pittendrigh）の先駆的研究によって、この新しい学問分野は体系化された。ピッテンドリーは英国生まれの生物学者で、人生の大半を米国で活動した研究者である。彼の行ったサーカディアンリズムの研究は、生理機能から行動に至るまで幅広く、ショウジョウバエ（Drosophila）の羽化からマウスの行動パターンまでを対象にした。そして、単細胞生物からヒトまですべてのものを研究するように奨励した。これらの大量の新しいデータから重要な洞察を得て、全生物におよぶサーカディアンリズムの本質的な特性を定義した。それはつまり、以下のようなものである。

・サーカディアンリズムは内因性のものであり、ある生物プロセス（生化学・生理機能、行動など）はおよそ 24 時間の周期をもつ。
・サーカディアンリズムは一定の条件下で数周期は持続する。
・同調因子によって 24 時間に同調する。
・温度補償性があり、周期の長さは外部環境温の変化に大きな影響を受けない。

　1950 年以降の研究の大半は、これらの概念を生物構造や機能に

置き換えて行われ、次のような謎解きに取り組んできた。

・時計とはどんなもので、細胞内機能のどこに位置しているのか。
・どのような生化学的反応の組み合わせによって、一定の環境下で持続する24時間周期の規則的で自律的なリズムがつくり出されているのか。
・どのように、体内の周期が光のような同調因子によって外部時間に同調されるのか。
・どうして体内時計の機能は温度によって変化しないのか、つまり周りが暑くなったときに動きが速くなって、寒くなったときに遅くならないのか。
・約24時間のリズムの情報は、生体の他の箇所にどのように伝えられるのか。

　生物に体内時計とリズムが広く存在する事実は、その重要性を物語っている。時計は無数の生理プロセスにおいて欠かすことのできない役割を果たす。それは、睡眠・覚醒周期、生殖活動や出産、体温調節、エネルギー産生・消費やグルコース代謝、脂質代謝、食料や水分摂取などの代謝制御にまで及ぶ。先天的に時間調整機構が備わっていることは、地球上の生物の特徴であり続けてきた。それこそ何十億年前に、シアノバクテリアがつくる酸素がこの惑星の未来を定め始めたときからである。サーカディアンリズムは我々にとって大きな影響力をもつだけでなく、そのリズムの乱れが健康や幸福に深刻な悪影響を及ぼすかもしれない。

1日の中で決まった時刻に起こる生命現象

Time of day matters

　ヒトのパフォーマンスが1日のうちでどのように変化するのか、ということに真剣に興味がもたれたのは19世紀末である。1892年、マサチューセッツのクラーク大学の研究生だったドレッサー（Fletcher Bascom Dresser）は、「意識的に行う動作のすばやさへ影響を及ぼすいくつかの要因」という論文を発表した。ドレッサーは、電報のオペレーターが使うモールス・キーを自分のペースで300回叩くという課題を設定して、6週間のあいだ、毎日、朝8時から課題を始めて、2時間おきにそれを18時まで繰り返した。その結果、キーを叩く速度は12時までは速くなって、昼食後は遅くなった。それから速度は回復して、18時には8時よりも速くなるということがわかった。

　24時間のうちに、様々な身体活動、精神活動が変動するということは、何百もの研究が示している。例えば、歯の痛みは朝に一番軽くなり、校正作業は夕方以降にもっとも効率がよくなる。また、陣痛は夜中に始まって、自然分娩による出産はほとんど早朝

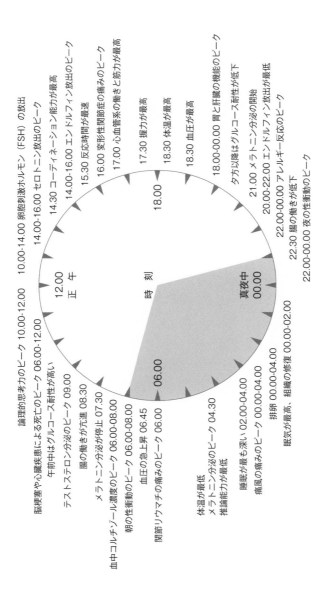

図4　ヒト成人の様々な生理機能や行動の日内変動

に起こる。さらに、バドミントンのショートサービスとロングサービスは、午前や夕方以降よりもお昼過ぎの時間帯に正確さが増す。テニスのファーストサービスは、夕方以降よりも、午前から昼過ぎの時間帯に正確になるが、サービス速度は夕方以降のほうが上がる。50m以上を泳ぐ速度は、午前中やお昼すぎよりも、夕方以降のほうが速い記録が出る。また、サッカーのスキルに関する研究によると、壁を使ったボレーキックのテスト、ドリブルの速度は、夕方以降にパフォーマンスがよくなる。こうした研究から、午前中よりお昼すぎから夕方にかけてパフォーマンスが上がるという共通した傾向がみてとれる。筋力や持久力がメインの種目では、夕方にパフォーマンスのピークがみられるのに対して、技術の要素の影響が大きなスポーツ種目（バドミントン、テニス、サッカーなど）では、1日のピークがくるのがいくぶん早くなる。

　24時間のうちにみられる、成人の身体・心理面における変動を図4に示した。図をみると、こうした1日の間にみられる変化のほとんどが、きっちり体内時計のもとで動いているようにみえてしまう。しかし、一定の条件下でこうした日内変動をみせることがしっかり証明されているものは、実際にはほとんどない。なぜなら、そのようなことを証明するためには、被験者を時間の手がかりのない隔離した状態に数日間おくような実験を行う必要があるからである。

　図4とは対象的に、図5には一定の条件下でみられる生理機能と行動の24時間の動態を示した。血圧や心拍数に日中と夜で変化がみられることは、サーカディアンリズム（1日のリズム）のよく知られた例である。ヒトの血圧は覚醒の直前に急上昇する（図5）ので、心不全による突然死、心筋梗塞、脳梗塞などの心臓血管系のトラブルは、朝6時から12時までの午前中に起こりや

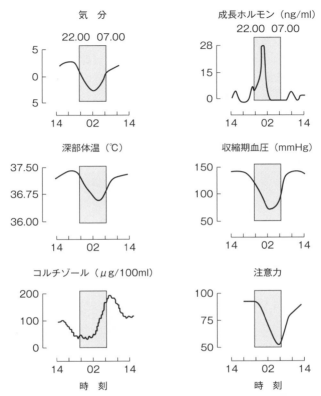

図5　実験室内のような一定の環境下でみられるヒト成人の生理機能と行動の日内変動の例
22時から7時までの一般的な睡眠時間をグレーの四角で示した。

すい。また、心房性不整脈、心室性不整脈にも日内変動があり、夜中よりも日中に多くみられる。

　心筋梗塞は、夜よりも午前中のほうが2～3倍多く起こる。朝に収縮期血圧と心拍数が上がるため、心臓が必要とするエネルギーと酸素需要が増加するその一方で、冠状動脈の血管緊張度は午前中に高くなり、その結果として冠状動脈の血流と酸素供給が減少

する。この需要と供給のミスマッチによって心筋梗塞が起こりやすくなるのである。また、血管の梗塞も午前中に起こりやすい。血小板の活性を表面マーカーの動態でみると日内変動のパターンがあり、午前中に血栓、血小板凝集が最も起こりやすいのである。このような血液凝固性の亢進が、午前中に心筋梗塞が起こる背景の1つとなっている。

　いろいろな動物を対象にした研究によって、サーカディアンリズムが情報処理にも重要な役割を果たすことが示唆されている。まずキイロショウジョウバエを、電気刺激とある臭いを関連づけるように学習させる。その学習の評価には、Ｔ字路を用いて、電気刺激と関連づけられた臭いを避けて、「無害な」ほうを選ぶことを確認した。その成績にはサーカディアンリズムがあって、夕方に一番成績がよくなる。しかし、遺伝子改変によって体内時計がないハエには、こうした記憶のリズムはみられなかった。ウミウシ、魚、げっ歯類を対象とした研究でも、同じような結果が示された。簡単にいうと、生物の機能は時刻によって異なる働きをするように設定されている。関連記憶形成の成績は、昼行性のウミウシ（Aplysia Califolnia）では日中によく、夜行性のウミウシ（Aplysia Fasciata）では夜中によくなる。

　おそらく最もはっきりと知られている24時間周期のリズムは、覚醒と睡眠の周期である。ドイツ・ミュンヘン大学の研究者であるローネベルグ（Till Roenneberg）は、世界中の人の睡眠時間帯について調査を行っている。ローネベルグの研究グループは、MCTQ（ミュンヘンクロノタイプ質問紙）というネット調査用ツールを利用して、平日（仕事や学校などがある日）と休日の入眠時刻と起床時刻を調査し、20万をはるかに上回る人たちの回答を得ている。MCTQは、大人の睡眠のクロノタイプ（朝型夜型）

について推測をするのに最適であるが、それは休日の睡眠は、目覚まし時計による影響を受けていないからである。評価のパラメーターである睡眠中央時刻（mid-sleep-time）は、入眠時刻と起床時刻の中間点（中央値）として計算される。

　ローネベルグの研究は、個人のクロノタイプに関する考え方を発展させた。もともとは、ヒバリ型（朝型）、フクロウ型（夜型）、そうでない人たちの3つに区分するのに使われていた。従来の区分法によると、全体の10〜15%が、1日の始まりが早い朝型（ヒバリ）である。また別の10〜15%が、朝早く目覚めるのが苦手でベッドに入るのも遅い夜型（フクロウ）になる。ローネベルグはクロノタイプを、超朝型（強制されなくても20時に寝て朝4時に起きる）から超夜型（朝4時に眠って昼の12時に起きる）ま

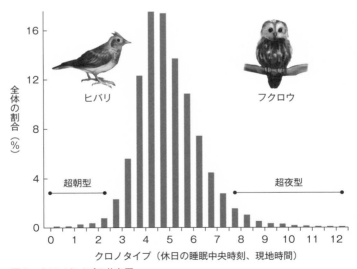

図6　クロノタイプの分布図
　クロノタイプは正規分布に近いが、やや夜型に偏っている。

で連続する分布で示した（図6）。

　MCTQによってわかった重要なことは、クロノタイプはある特定のタイムゾーン（標準時間帯）内で自然の明暗サイクル（日の出と日の入）の影響を受けるということである。同じタイムゾーン（例えば中央ヨーロッパ時間は、ポーランド東部からスペイン西部まで用いられる）内では、東に行くほど朝型が多く、西に行くほど夜型が多くなる。ドイツ国内においてさえ、同じような社会生活時間（仕事をする時間、夜のニュースの時間など）を過ごしているにもかかわらず、体内時間調整システムは日の出に合わせて調整されている。クロノタイプの分布は東から西へ経度1度ごとに4分遅くなるが、これは太陽が経度1度を移動するのにかかる時間と同じである。

　MCTQのデータは、我々が2つのタイムテーブルに従って生きていることを示している。1つは平日の目覚まし時計によって支配されているもの、もう1つは週末の「朝寝坊」も含めた内なる体内時計により合ったものである。社会的ニーズに合わせて睡眠をとるために、平日に目覚まし時計を使っている人は、全体の80％にものぼる。また、夜に睡眠薬を使う人や、日中に眠気覚ましの刺激物をとる人は、ますます増えている。

　目覚まし時計を使った起床時刻と休日の自然な起床時刻との差は、ローネベルグによって「社会的時差ぼけ（ソーシャル・ジェットラグ）」と呼ばれている。超夜型なのに朝7時に起きて会社に出かけなくてはいけない人は、社会的時差ぼけがとても大きいことになる。超朝型の人が、金曜日に仲間とのつきあいで朝まで徹夜する場合も、同じことが起こるだろう。

　MCTQのデータによると、社会的時差ぼけのない人は、全体のたった13％でしかない。1時間以下の人は69％で、残りは2時間

以上である。体内時計と社会時間の不一致が睡眠不足の主な原因である。全体の約 5％の人たちは、生理的に必要な睡眠量より少なくとも 20％短い時間しか眠っていない。他の 35％の人たちは、仕事のある平日は最大で 10％睡眠が不足している状態である。つまり一晩の半分にあたる睡眠を毎週失っていることになる。平日と休日で睡眠量が同じだったのは、全体で少なくとも 25％だけだった。

　個人のクロノタイプを決めることによって、社会的時差ぼけやシフトワークの悪影響（第 3 章）を緩和できるかもしれない。夜型の人は、朝型の人に比べて夜勤に対して耐性が強いようである（仕事のパフォーマンスがよい、作業の満足度が高い、など）。しかし、社会的背景や地域とは関係なく、社会的時差ぼけが大きくなるほど、喫煙率が高くなったり、また、うつ度の上昇とともにアルコールやカフェインの消費量も増えていくなど、社会的時差ぼけは、健康リスクの増加につながる。

　体内時計に逆らって生活することは、代謝によくない影響を及ぼしている。社会的時差ぼけは BMI の増加と関係しており、社会的時差ぼけが 1 時間増すごとに過体重や肥満の可能性が 30％ずつ増加する。逆に朝型の人たちのように社会的時差ぼけが小さいと、元気度や覚醒度が高くなる。朝型の人がなぜ幸せかというと、いつ起きていつ眠ればよいのかについて、体内時計と社会的ニーズの一致度が高いからとも言われている。

　個々人のクロノタイプは、遺伝やあるタイムゾーン内のどこの地域に住んでいるのかなどの影響を非常に大きく受けるが、その他に発達につれて変化していくという側面がある。子ども期の後期から思春期まで時計は遅れて（より後ろの時間にずれて）いく。その遅れがピークになるのは、女性で 19.5 歳、男性で 21 歳であ

る。つまり、若者は朝ベッドから出るのが苦手ということになる。それ以降は加齢とともに早いほうにずれていくので、50代後半や60代前半になると、子ども期の後期と同じ時間帯に眠るようになるのである。

身体活動と精神活動をするのに「最適な」時刻は、**図4**に示したように、統計的に求めることができる。しかし、明らかな個人差も存在する。またパフォーマンスのピークは年齢、クロノタイプ、タイムゾーンなどの要因に影響を受ける。行動課題の場合は、起きてから何時間たっているか、また課題の性質そのものにも影響を受けるだろう。体内時計の影響により、基本的に1日のなかの認知機能においては、若者の成績が上がり、年寄りの成績は悪くなる時間帯がある。トロント大学のハッシャー（Lynn Hasher）らによって行われた古い研究では、10代の若者と成人の認知能力の成績を午前と午後で比較した。その結果は若者の成績は午後の方が10％向上し、成人では7％低下した。このことは重大なジレンマを浮き彫りにする。50歳代の年配教師は午前中に最も調子がよいが、体内時計の働きによって、生徒たちは常に学ぶ準備ができていないかもしれない。これは数学や科学などの難しい教科は早い時間に教え、体育、美術、音楽などのよりやさしい教科は遅い時間に教えるとよいということが広く信じられている理由にもなる。時間割を決めるのは年配教師であって生徒ではない。生徒は午前中にもっとも覚醒度が高いので、重要な知的要求度の高い教科はこの時間に教えるのがよい、という考えが、長い間、暗黙の了解になっているのではないだろうか。しかし、これは誤っているのである。

ハイティーンの頃は、体内時計の位相が50代に比べて平均で2時間ほど遅くなる。つまり、ふつうの10代は、明らかな社会的

時差ぼけを起こしているということである。10代の子どもに7時に起きるように言うことは、50代の大人に5時に起きるように言うのと同じである。もともと10代の子どもは生物学的に朝寝坊で夜更かし体質なのである。しかも、このような体質は最近さらに著しくなっている。「入眠時刻」に対する一般社会や家庭の態度が寛容になってきて、寝室が眠るための場所から楽しむ場所に変わってきているからである。電子機器がたくさんあり、ネットにはいつでも繋がる。こうして、入眠はさらに遅くなっていく。眠りにつくのが遅くなっているのに、学校のある日に目覚ましが鳴るのは同じ時刻なのだ。米国のブラウン大学のカースカドン（Mary Carskadon）は、認知能力を最大に発揮するには毎晩9時間の睡眠が必要なのに、実際には6.5時間以下であると報告している。

　米国では、このような知見をもとに、授業の開始時間を遅らせると同時に、睡眠の大切さと調整について教育している学校がいくつかある（睡眠衛生／睡眠教育）。始業時間を遅らせてから、学業成績や出席は向上し、うつ傾向や自傷行為は減少した。この結果は、英国で行われた小規模な研究（始業時間を8時50分から10時に変えた）と共通している。始業時間を変えることで、到達度の判断基準値を越えた子どもが35％から53％に増えた。また、社会的ハンディキャップを負っている層の子どもたちでも、基準値を越えた子どもが、12％から42％に増えた。この小規模な研究は、数百人を対象とした全国規模の研究に引き継がれている。始業時間を遅らせて睡眠教育を行うことが、学業成績や生徒の健康にどのような影響を与えるかを調査するためである。この調査結果は、何時に学校が始まるのがよいのか、という昔からの問いに対する最終的な答えとなるだろう。

　クロノタイプは、運動パフォーマンスにも重要な影響を与える
ようだ。これまでは夕方以降にパフォーマンスが一番よくなると
言われてきた。しかし、英国バーミンガム大学のブランドシュ
テッター（Roland Brandstaetter）の指摘によると、これまでの
研究はクロノタイプの違いを考慮せず、違う時刻に測定した運動
パフォーマンスを平均して評価をしているが、クロノタイプを調
べたら、朝型は正午、中間型はお昼すぎ、夜型は夕方以降に成績
がよくなったという。すべてのタイプで成績が悪かったのは、朝
の7時である。極端な例として、自然に入眠が遅くて起床も遅い
（夜型の）人が午前中に走ったとき、全力を出しているにもかかわ
らず、夕方に比べて26％も遅くなった。クロノタイプを考慮せず、
全選手の平均でみると夕方以降に成績がよくなるということなの
である。クロノタイプに基づいて調査を行わないと、目立った差
は出てこない。将来のトレーニングシステムの中には、食事管理、
やる気を引き出す指導などと同様に、選手のパフォーマンスにみ
られるクロノタイプを考慮した指導が組み込まれるかもしれない。
　個々人にとって薬を飲むのに適切な時刻は、時間にまつわるこ
との中でも、特に大切なテーマである。医学の一分野として「時
間治療」と呼ばれるものがある。スタチン系薬はコレステロール
低下剤で、体内のコレステロール生合成の律速酵素であるHMG-
CoA還元酵素を阻害する。スタチンは、低密度リポタンパク質
（LDL-C）の産生を減少させる。HMG-CoA還元酵素はサーカ
ディアン制御され、夜中に最も濃度が高くなる。よってシムバス
タチンやロバスタチンなど半減期が短いスタチン系薬は、眠る前
に飲むのが最も効果的となる。医療領域全体をみると、他に抗イ
ンフルエンザワクチンは、午後よりも午前中に接種したほうが免
疫は強くなることが、最近の研究で示されている。

　時間治療の考え方を活かして抗がん剤の効き目を上げるという考え方は、ここ30年の間でたいへん注目されてきている。現在英国ワーウィック大学で研究するレヴィ（Francis Lévi）は、この分野の先駆的研究を行った。それは、投薬のタイミングを患者によって変えることで、高用量の抗がん剤を投与できるというものだった。がん治療では副作用への対処に苦労する。腫瘍細胞は一般的に速く分裂し、薬は速く分裂する細胞を殺そうとする。毛嚢と腸内膜の細胞も分裂が速いので、副作用として抜け毛や吐き気という症状が出るのである。毛嚢と腸内膜の細胞分裂のタイミングを分析することで、腫瘍に対して最も効果が出て、その他への細胞への副作用は最小限にするような治療薬量が求められる。実験モデルでは、30以上の抗がん剤について、投薬の時間管理をすることによって、薬の毒性と効果が50％も変わることがわかっている。

　個々の患者への投薬のタイミングを変えることが治療に役立つことをレヴィらが示したにもかかわらず、取り入れている病院はほとんどない。こうした治療を行うのに最適な時間が遅く、夜中であったりするのが一因である。ちょうどその時間帯は、ほとんどの病院にそれを実施するだけの基本設備も人員も欠いているのである。

　まだ道半ばとはいえ、がん患者に個別の異なる治療が行われるようになろうとしている。個人に合わせた治療が、最も効果の出るタイミングに合わせて行われるようになるだろう。それは患者のクロノタイプと腫瘍の細胞分裂のタイミング、つまり、がんのクロノタイプに基づいたものである。

体内時計が乱れると

　時刻は、個人のクロノタイプとも関係しつつ、パフォーマンスや健康に大きな影響を与えるが、サーカディアンリズムが大きく乱れると別の意味で複雑かつ深刻なことが起こる。飛行機を使っていくつものタイムゾーン（標準時間帯）をまたいで移動したり、シフトワーク（交替制勤務）に従事することは、たいへんな経済的利益をもたらすように見える。一方で健康への悪影響を及ぼす危険性があることが最近になってようやくわかってきている。睡眠をはじめとした体内時計の乱れは、ほぼ確実に不健康と関係している。

 時差ぼけ（ジェットラグ）

　冷戦中の1950年代、米国の国務長官ダレス（John Foster Dulles）は、アスワンダム建設への資金提供について議論するため、軍用ジェット機でカイロまで長距離飛行をした。ダレスは自分が会議中に集中力を欠いていることを自覚していた。再度の長

旅でワシントンに帰国した後、エジプトがソビエトの兵器を大量に購入したことを知り、考える余地もなくナセル大佐との資金提供の協定をすぐに破棄することになる。アスワンダムはソビエトの資金と技師たちによって建設され、アフリカ進出の第一歩となった。そのときダレスは、エジプトと持続的な協定をまとめるのに失敗した理由を飛行機移動による疲れと位置づけた。ダレスが、いくつものタイムゾーンを越えて速く移動することによって起こる、サーカディアンリズムの乱れがもたらす悪影響について知らなかったのも無理はない。ダレスがエジプトを訪れた時代には、時差ぼけ（ジェットラグ）というような言葉は存在しなかったし、「サーカディアン」という言葉も考案されていなかった。

　時差ぼけは、体内時計が乱れて、外部環境と体内時間が正しく揃わなくなったときに何が起こるのか、という最もわかりやすい例である。ジェット機で3〜4のタイムゾーンを越えたとき、こうした様々な体内の時計と自然の明暗サイクルとの結びつきが弱まり、末梢組織どうしのリズムが揃わなくなる。様々なリズムが「内的脱同調」の状態になり、例えば胃が北京上空に行き着き、肝臓がデリーの周辺、心臓がまだサンフランシスコにいるようなものである。宇宙空間では、さらにひどいことになる。衛星軌道上の国際宇宙ステーションに滞在している宇宙飛行士は、24時間のうちに16回の夜明けと夕暮れを迎える。だから睡眠薬が最も宇宙で頻繁に使われる薬であることは驚きではない。

　飛行距離や到着時間、移動した方角に応じて、疲労、不眠、前後不覚、頭痛、気分の乱れなどの時差ぼけの症状が起こる。東から西に移動した場合のほうが、時差ぼけに対処するのが楽という人が多い。その場合、太陽を追いかけるので1日が長くなる。一般的な経験則によると、到着地の現地時間に適応するのに必要な

日数は、移動によって越えたタイムゾーンの数に等しい。訓練は役に立たない。というのは、国際線のパイロットは絶えずいくつものタイムゾーンを越えているが、一般的に気分が優れない時間がほとんどで、これは年々悪化していくということがあるからである。パイロットエラー（事故や事件の原因と判断される飛行機のパイロットによる行動の判断、行為または不作為）は、時差ぼけのせいであることが多い。2010 年 5 月に起こったインド航空の航空機着陸失敗（158 人が亡くなった）も、時差ぼけが 1 つの要因であったようである。事故の公式調査書は、機長が 3 時間のフライトの半分以上は居眠りをしていて、着陸しようとしたときは「前後不覚」になっていたと結論づけている。操縦室のボイスレコーダーを再生して調査したところ、パイロットの「大きないびきと息遣い」が事故の直前に聞こえたのである。

　会社のオフィスより飛行機の機内で過ごすことが多い会社の重役たちは、たとえ、何も変わってないように装って、時計の時刻を現地時間に合わせることを頑なに拒んでいたとしても、自分の体内時計を時差に対して調整できていない。移動する際に越えるタイムゾーンの数が増えるほど、仕事ができなくなったり健康を損なう可能性が強くなる。米国のテニスプレーヤーたちは、ウィンブルドン選手権のため米国から英国へ飛行機移動したとき、体内時計を合わせるのに少なくとも 1 週間は必要だと感じている。イスラエルの研究では、スポーツ選手がいくつものタイムゾーンを越えて遠征すると、精神的不調の傾向が出て精神科へ入院する危険性が増すとさえ報告している。

　エリートスポーツ選手たちには、以前から時差ぼけの影響の大きさが知られていた。実際に行われた研究として、1996 年アトランタオリンピック大会のときに、レマース（Bjorn Lemmers）博

士が大会前と期間中にドイツ代表体操選手団のサーカディアンリズムを観察したものがある。この若い男性選手たちはフランクフルトからアトランタまで飛行機移動したが、到着後に最大で1週間、程度の差こそあれ全員が時差ぼけに悩まされた。血圧をモニタリングし、体温、そして唾液からコルチゾールやメラトニンの濃度を測定した。また、握力や時差ぼけの全体的な症状も同時に調べている。通常はメラトニン濃度のピークは朝にみられるが、アトランタに着いた初日には約4時間も早く（フランクフルトの朝に相当する時間帯）ピークがみられた。また、ふつう血圧には夜間に低くて日中は高くなるリズムがみられるが、現地時間に順応してそのパターンに戻るのには数日を要した。さらに、体温は通常18〜19時に最高になり、朝4時に最低になるように体内時計によってしっかり制御されているが、これも現地時間で4時間ほど早いほうにずれ、トレーニングのパフォーマンスにも悪影響が出た。アトランタへのフライトから11日たっても、体温リズムのパターンの乱れは戻らなかった。同じドイツ人体操選手たちを対象にして別の研究も行われている。そのときは、日本の大阪で行われる大会に出場するために東向きにフライトをしたが、時差ぼけの症状はさらに長く続いた。生理機能のリズムが乱れたのはアトランタのときと同じだが、今回は出発地と比べて時間が遅れる地域に移動した点が異なっている。

　これらの研究は、やる気に満ちて身体も絶頂期にある若い男性を対象にしているが、そういう非常に体力のある人たちですら、タイムゾーンを越えて飛行機移動することで生理機能におけるサーカディアンリズムの乱れが非常に長く続く。6時間以上の時差をともなう移動をする場合、自分の体内時計を現地に合わせるためには、移動後に少なくとも2週間の回復期間が必要だとレ

マースらは結論づけている。

スタンフォード大学睡眠障害クリニックでスポーツに関心をもって研究しているグループは、米国のアメリカンフットボールの25年にわたる統計から、西海岸のチームが西海岸で東海岸のチームと対戦した場合の勝率が64%であることを発見した。このような統計的に有意な結果が出た理由は、サーカディアンリズムの乱れではないかと推測している。西海岸で夕方18時から夜21時まで試合が行われるということは、西海岸に移動した東海岸のチームの選手にとって試合は、体内時間で夜21時に始まって深夜に終わることを意味している。

ウマも時差ぼけに悩まされる。競馬や障害飛越競技に出場するウマたちは、世界中のレースに出場するために、いくつものタイムゾーンを越えて飛行機移動する。ヒトと同様に、ウマたちのパフォーマンスも1週間かそれ以上の悪影響を受ける。調教師は、時差ぼけの影響を小さくするために、飛行機移動に先立って給餌とトレーニングの両方を現地時間に合わせた時間に行うようにしている。また、東向きに飛行機移動する前には、体内時計を進めるために、早朝に光を当てるということも行われている。西向きに移動する場合は、夕方以降に光を当てて時計を遅れさせることが有効となる（第4章、図9）。

また、ハチでさえも時差ぼけを起こす。ある実験では、フランスのハチを飛行機でニューヨークまで西向きに運んだところ、ニューヨーク到着時にハチの体内時計はパリ時間のままで、到着すると巣から姿を現して、まだ花が開いてないのに花蜜を集めに飛び去っていったという。

シフトワーク

　子午線を越える飛行機移動を時々することで生じるずれは、一時的なものである。しかしシフトワークで働くことは、慢性的なずれを意味する。シフトワーク労働者は日中に睡眠をとろうとするが、夜に眠るよりも、たいてい時間が短くなり質が悪くなることが多い。そして夜に働くが、その時間は体内時計が身体を眠りにつかせる準備を始めるため、覚醒度やパフォーマンスも低くなる。つまり、眠いときに働いて、眠くないときに睡眠をとるわけである。恒常的に夜勤に従事している期間の長さに関係なく、ほぼすべて（約97%）の夜勤労働者は、夜間の活動に同調することはできず、光を浴びることで昼間活動の生活に同調している。

　オフィスや工場の人工照明は、自然光に比べて暗い。夜明け直後でも、自然光は職場の明るさ（300〜400ルクス）に比べて50倍くらい明るく、正午までに250倍にもなる。夜勤明けに労働者は明るい自然光を目にし、その明るい光の信号を受けた体内時計によって、体内は昼間中心の状態にセットされる。ハーバード大学のチェスラー（Charles Czeisler）博士らの研究によると、夜勤労働者が2000ルクスの光を職場で浴び、日中の自然光から完全に遮断された条件下におかれると、夜間活動のリズムになるという。しかし、もちろん大部分の夜勤労働者にとってこれは、現実的な解決策ではない。

　夜勤労働者が経験するような体内時計の乱れは、健康状態のリスクが増加することにつながる（表1）。数日間の短い体内時計の乱れでさえ情動と認知に大きな影響を与えるのに、何年にもわたる長期間の体内時計の乱れは、がんや心血管疾患のリスクを増すことになる。

　夜勤労働者のうち最もよく研究されている職種の1つとして、看護師がある。看護師として何年にもわたるシフトワークに従事することは、2型糖尿病や胃腸疾患、さらには乳がんや大腸がんなど広範囲の健康問題と関係してくる。がんのリスクは、シフトワークを続けている年数や交替勤務の仕方（昼勤、夜勤などをした順番）、1週間で夜勤をした回数などに比例して増加していく。その相関の強さから、現在ではWHOによってシフトワークは「グループ2A（おそらく発がん性がある）」へ公式に分類されている。また他の研究では、心疾患、脳卒中、肥満や抑うつを増加させることが示されている。南フランスで3000人を対象にした研究で次のようなことが報告された。10年以上という長期にわたって何らかの形で夜勤をしている人たちは、夜勤をしたことがない人たちに比べて、全体的に認知や記憶の成績が非常に低い。

　体内時計の乱れは、グルコースの制御や代謝も阻害する（第7章）。シカゴ大学のカーター（Eve Van Cauter）博士らの報告（1999年）では、実験室で健康な若い男性の睡眠を制限して観察すると、インスリン抵抗性が高まる傾向がみられた。これは最終的に2型糖尿病につながる可能性がある。レプチンとグレリンという2種類の消化管ホルモンが、この過程で重要な働きをするようである。レプチンは脂肪細胞から分泌され満腹の信号、グレリンは胃で分泌され、空腹（特に糖質に対して）の信号となる。つまりこの2つのホルモンは一緒になって空腹と食欲を制御するのである。カーターらは、実験室で健康な若い男性の睡眠時間を7日間制限すると、レプチンの濃度は約17％低下、グレリンのレベルは約28％上昇し、特に高脂質、高糖質の食品に対する食欲が増す（35〜40％の上昇）と報告している。このような体内時計の乱れが引き起こす食欲の亢進は、シフトワーク労働者において体重

表1　シフトワークによって体内時計が乱れることの悪影響

感情（以下の傾向が強まる）	認知（以下のものが損なわれる）	生理機能と健康（以下の危険性が高くなる）
・気分の上下動 ・うつと精神病 ・気持ちのイライラ ・共感力の喪失 ・ストレス ・破壊的で衝動的 ・刺激物をとる（コーヒーなど） ・鎮静剤をとる（アルコールなど） ・不法ドラッグをとる ・思考の分裂	・認知能力 ・マルチタスクをこなす能力 ・記憶 ・注意 ・集中力 ・コミュニケーション ・決断 ・創造性 ・生産性 ・運動能力	・眠気 ・睡眠の断片化 ・居眠り ・痛みや冷たさの感覚 ・がん ・代謝異常 ・2型糖尿病 ・心血管疾患 ・免疫低下 ・ホルモン分泌異常

増加、肥満や2型糖尿病のリスクが増大することの説明になるかもしれない。また、明らかに夜勤労働者はストレスホルモンであるコルチゾールの濃度が高く、それがインスリンの働きを低下させ、血糖値の上昇につながる。

　これに限らず他の多くの研究によって、シフトワークは、それに従事する期間の長短にかかわらず、健康に様々な重大なリスクをもたらすと結論づけられている。しかし、これまで行われている大部分は観察研究であり、本質的にシフトワークと病気の因果関係を示すことはできない。というのは、シフトワークに関係する生活スタイルの要素も、健康リスクを増加させることになるかもしれないからである。例えば、夜勤をする女性は子どもをもつのが遅く、食生活も不健康になりがちで、運動する機会も少なく、

アルコール摂取や喫煙が多くなる傾向があることがわかっており、これらはすべて体重増加、2型糖尿病、乳がんに関係する要因である。「因果関係」を理解することは非常に大切で、動物モデルを使って体内時計の乱れと不健康の間をつなげるメカニズムを解明することが重要となる。マウスを使った近年の研究によって、光を浴びせるスケジュールを頻繁に変更する（人工的時差ぼけ）だけで、ガンの成長、体重の増加、その他の代謝異常につながることがわかっている。この研究はげっ歯類を対象にしたものだが、論文の著者たちはこの実験結果が、ライフスタイルの問題ではなく、体内時計の乱れそのものが不健康の原因であることを示す有力な証拠となると確信している。また、遺伝的に乳がん体質の人は、シフトワーク労働やタイムゾーンを越える頻繁な飛行機移動のような体内時計の乱れを引き起こす状況を避けるべきだと強く主張している。

　なぜシフトワーク労働が不健康につながるのかというメカニズムは確定されていないものの、シフトワークに関連するいくつかの健康上の問題を軽減するための知識は十分に蓄積されている。職場においてシフトワーク労働者にもっと頻繁に健康診断を受けさせ、適切な食事（低糖質・低脂肪）を摂らせることは、雇用者にとって明らかな義務であると考えられる。また、仕事において重い機器を使用しているときや車で自宅に帰る途中に、居眠りした場合に警告するような電子機器が支給されるべきである。夜勤労働者の配偶者や家族は、気分の浮き沈み、共感の欠落、イライラなどが夜勤によって起こりやすいことを知っておくべきであろう。

　シフトワーク労働や時差ぼけが様々な社会問題を引き起こすことは、ヒトが動的に変化する24時間周期の世界に組み込まれた

存在であることを改めて認識させてくれる。19世紀までは、社会の大部分は農耕が中心で、ほとんどの時間を屋外で過ごし、自然の明暗サイクルに従って生活をしていた。工業化が進み、安価な電気照明が存在するようになり、徐々に1日24時間・週7日休みのない社会になっていくに従って、人々は太陽の周期から外れ、体内時計が生み出す時間的順序が失われたりしている。20世紀初頭以降の社会を生きる世代は、「サーカディアンリズムが乱された」時代を生きているのである。生物機能のことを無視した、この無謀な現代化は、我々の健康に深刻な影響を及ぼすことが明らかになりつつある（表1）。

サーカディアンリズムと睡眠障害

　睡眠・覚醒サイクルの生理機能には、多くの脳の領域と神経伝達システムの相互作用が関わっている（第6章）。つまり睡眠・覚醒は、睡眠への欲求（睡眠圧）を生み出すために日中には激減する睡眠「需要」と、日中に覚醒状態を保ち夜中に睡眠状態を保つ体内時計の力の相互作用であると理解できる。多くの人々は自らの睡眠・覚醒サイクルに逆らって（経済的理由でやむなく）仕事をすることを選択している。その結果として起こることについて、この項ではいくつか概説する。しかし多くの場合、体内時計の乱れは、睡眠・覚醒を引き起こし制御する複雑な生理的機構の内在的な不調によって起こるものである。医学界で認識されている睡眠障害は70種類ほどある。そのうち4種類が「サーカディアンリズム睡眠障害」（以下、概日リズム睡眠障害）として分類されている。図7に示したすべての疾患において、表1に挙げた健康上の問題に対する脆弱性が増しているという科学的な根拠がある。

　次に挙げる概日リズム睡眠障害は今日、以下のように説明され

36

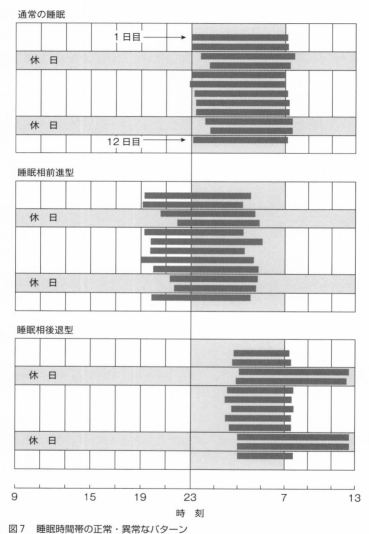

図7　睡眠時間帯の正常・異常なパターン
　水平の黒い四角は平日と休日の睡眠時間帯を表している。休日と夜の時間帯をグレーで示している。

自由継続（フリーラン）型

不規則睡眠・覚醒型

不眠症

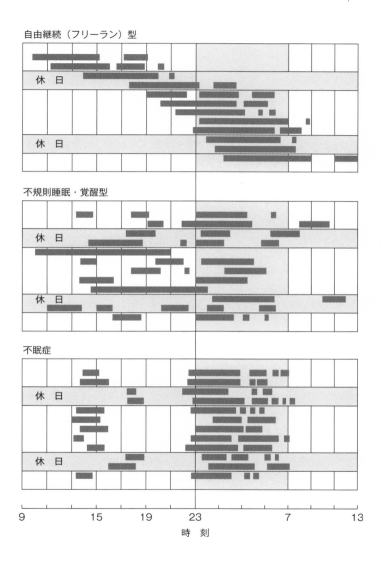

ている。

①睡眠相前進型

夕方以降になると覚醒し続けることが難しく、また朝になると眠っていることが難しいという特徴がある。一般的に、社会的常識よりも3時間以上も早くベッドに入り目覚める。睡眠相前進型はアメリカユタ州の大家族において初めて記述された。家族のうち何人かの大人は19時から20時という非常に早い時間にベッドに入り、およそ朝の4時に起床していた。その家系分析の結果、表現型に影響を与えるような遺伝的要素があり、分子時計の鍵遺伝子の1つにおいて、1個のアミノ酸がセリンからグリシンに置き換わる変異が存在していることがわかっている（第5章）。

②睡眠相後退型

さらに頻繁にみられる症状である。3時間以上も入眠と覚醒のタイミングが遅くなっていて、思春期の子どもや若年成人によくみられる。仕事や学校のある平日は睡眠が短く、休日は長時間睡眠をとるという状態になりがちである。睡眠相前進型や睡眠相後退型は、朝型や夜型が病的に極端な状態と考えられる（第2章、図6）。

③自由継続（フリーラン）型（非24時間睡眠・覚醒型）

目が完全に存在しないか、あるいは網膜から脳につながる神経回路が切れているような失明した人に起こる。目が見えないだけなく、1日の日照変化の情報も入ってこない。同調するための光信号が感知できないので、体内のサーカディアンリズムをリセットすることができない。約24時間10分の周期でフリーランしていくので、6日間で体内時間は外部時間より平均して1時間遅れることになる。

④不規則睡眠・覚醒型

　視床下部前部の腫瘍によって体内時計を失った人にみられる（第4章）。また、認知症になった老人によくみられる。認知症患者の睡眠パターンが固定していないことで介護者が疲れ切ってしまうことは、非常に大きな問題である。老人ホームでは、日中に過ごす空間を明るくしてベッドルームを暗くするなど、睡眠をまとめるために様々な手法がとられる。このよう試みがとてもうまくいく人もいて、睡眠がまとまると同時に認識力も向上する。

　不眠症も睡眠障害を説明するのによく使用される言葉である。しかし不眠症は「概日リズム睡眠障害」を示す専門用語ではなく、不規則な睡眠あるいは乱れた睡眠を表す一般用語である。これは、睡眠不足（hyposomnia：不眠）や睡眠過剰（hypersomnia：過眠）として捉えるべきである。不眠症はおそらく、体内時計システムとその他の睡眠を促進・調整する要素との複雑な相互作用によって起こる。不眠症は「精神心理学的」症状であると説明される。心理的・行動的要因が病気にかからせ、増悪させ、慢性化させる役割をする。そうした要素には、睡眠に対する不安、不適切な睡眠習慣、睡眠制御システムに脆弱性のある可能性などが含まれる。西欧諸国の成人の3分の1が、週1回以上の入眠または睡眠持続に困難を感じていて、日中の幸福感や認知機能に不全感がある。

　通常の「健康な加齢」でさえも、概日リズム睡眠障害や不眠症に関係する。加齢とともにサーカディアンリズムの生成・制御は強固さが失われていき、生理的プロセス（深部体温、代謝プロセス、ホルモン放出など）の振幅が鈍くなり不規則な位相がみられるようになる。1つの要因は、体内時計に光信号が入らなくなる

ことである（第4章）。加齢に関係する白内障やその他の眼の病気が進行することで、眼の光受容器が受け取る光が減っていく。これらの要因が、体内時計の乱れの増加に関係しているのだろう。加えて、運動不足になると自然光を浴びる量が少なくなるし、またカーテンや窓のシャッターを使うことは同調因子をさらに弱くすることにつながる。

　加齢による体内時計の機能低下は、認知機能の低下にも関係する。睡眠は記憶の定着に非常に重要であり（第6章）、体内時計の乱れは記憶の劣化に寄与することになるだろう。加えて、加齢による神経変性という要因も、認知へ影響を及ぼしているようである。メカニズムは不明だが、体内時計は、酸化ストレスへの応答、DNA損傷の修復、細胞の入れ替え、解毒などのような神経変性に影響するプロセスを制御している。サーカディアン制御が失われていくことは、神経変性の加速につながるだろう。そして、フィードバックによってさらに制御は乱れ、加齢による生理的な衰えを促進することになるだろう。サーカディアンリズムの乱れが生理的な衰えを引き起こし、さらに神経の衰えにつながるということは、つまり「ポジティブフィードバックループ」が働いていると言える。同時にサーカディアンリズムの制御機能の低下は、睡眠の乱れにつながる。もしここで説明した関係性が正しいなら、加齢にともなう体内時計の乱れを予防し和らげることは、老年期の人々の健康問題全般に対して、大きなよい影響を与えることになるだろう。

精神疾患にみられる体内時計の乱れ

　精神疾患（mental illness）は曖昧な言葉で、ふつうの生活を送れないほど行動が困難になったり、できなくなったりする状態の

ことを言い、不安、抑うつ、双極性障害のような気分障害、統合失調症のような精神病など様々な状態を含む。体内時計の乱れは精神疾患との関係が非常に強い。冬季うつ病のような気分障害に注目が集まりがちだが、統合失調症のようなより深刻な精神病性障害の場合にも顕著である。

　冬季うつ病は、文字通り冬にうつ症状が出るが、その他の季節はふつうの精神的状態で過ごせる。抑うつ、喜びの欠如、歩行困難、過眠、過体重につながる過食（特に高糖質食）などの症状がみられる。その他に、活力不足、集中困難、社会的ひきこもりなどもみられる。冬季うつ病は、米国国立精神衛生研究所のローゼンタール（Norman Rosenthal）らの論文（1984年）によって初めて取り上げられた。抑うつ状態になる前あるいは最中に光療法を行うと、多くの場合、冬季うつ病の症状がなくなるか軽くなる。通常の屋内では300ルクス程度の明るさだが、光療法では照明機器を用いて2000ルクス以上の強さの光を当てる。屋外で過ごす時間をなるべく長くして日光を浴びることも効果的なようである。こうした光の効果は、2つの観点から説明することができる。1つめは、冬の季節に光を補うことは、体内時計を同調させ、内的脱同調や体内時計の乱れに陥るのを防ぐ働きがあるということ。2つめは、光を補うことによって何らかの方法で脳内セロトニンのレベルが上がる（セロトニンのレベルが高いと満たされた幸せな気分になり、低いと抑うつにつながる）、ということである。

　統合失調症と睡眠異常の関連について最初に指摘したのは、19世紀後半のドイツの精神科医クレペリン（Emil Kraepelin）である。今日では、統合失調症患者の80%以上に体内時計の乱れがみられると報告され、この疾患に一般的にみられる症状の1つであるとの認識が強まっている。統合失調症でみられる睡眠障害は

様々なものがあり、**図7**に示したすべての異常なパターンが観察される。精神疾患と体内時計の乱れの結びつきは、社会的孤立、失業状態、抗精神病薬治療、ストレス軸（訳注：HPA軸 [hypothalamic-pituitary-adrenal axis] のこと [視床下部－下垂体－副腎系ともいう]。ストレスを受けると、この系の働きが高まり、副腎皮質からのグルココルチコイドの分泌が盛んになる）の活性化などの影響によって引き起こされると、最近まで考えられてきた（**図8a**）。しかし、オックスフォード大学のSCNi（Sleep and Circadian Neuroscience Institute）の研究グループは、統合失調症患者の体内時計の乱れは、必ずしも抗精神病薬治療、社会的孤立、失業状態などに関係しないことを示した。睡眠神経科学の発展に加えて、このような知見は、代わりとなる新しい仮説－精神疾患と体内時計の乱れは脳内に共通の重複した機構経路をもつ－を示唆している（**図8b**）。

　睡眠・覚醒サイクルには、複数の脳領域と多くの神経伝達システムの相互作用が関わっている。そこで、精神疾患にかかりやすくなるような神経回路の異常は、同時に睡眠覚醒システムにも影響を及ぼす可能性がある。また、睡眠障害は脳機能の様々な側面に影響を与えるだろう。脳のストレス軸が活性化し、様々な健康上の問題（**表1**）を引き起こし悪化させる。特に、若者では発達障害を起こすかもしれない。精神疾患にともなう服薬、薬物乱用、社会的孤立、ストレス軸の活性化などは、睡眠や体内時計に当然影響を与える。しかしこれらの要因は、**図8b**において、精神疾患における体内時計の乱れの原因というより誘因として示されている。この文脈からみると、精神疾患のスペクトラム全般にわたって体内時計の乱れがみられ、また睡眠リズムの乱れがメンタルヘルスを脆弱にするであろうことは想像にかたくない。体内時

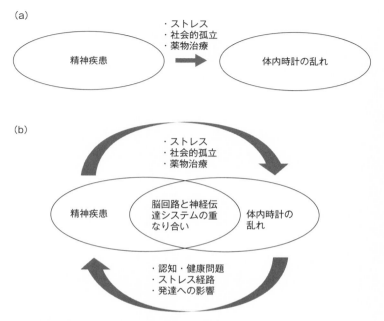

図8 精神疾患と体内時計の乱れとの関係（概念図）

計の乱れによって起こる健康上の問題の多くは、明らかに神経性精神疾患に合併して起こるが、病院では、このような健康問題が睡眠障害に結びつけられることは少ない。

　図8bに示した概念的枠組みから、明確な予測を4つ立てることができる。

①精神疾患に関係する遺伝子は睡眠とサーカディアンリズムの生成・制御に関わっている。

②睡眠とサーカディアンリズムを生成・制御する遺伝子は、メンタルヘルスと精神疾患に何らかの影響を及ぼすだろう。現在では、驚くほど多くの遺伝子が、体内時計の乱れや精神疾

患に関わり、あるいは影響を及ぼしていることがわかっている。

③精神疾患が体内時計の乱れの原因でないならば、ある環境下では体内時計の乱れは精神疾患より先に起こるだろう。実際に睡眠の異常は精神疾患に先立ってみつかる。また、体内時計の乱れは抑うつの初期症状または再発に先立って起こる。さらに双極性障害や児童期に発症する統合失調症の発症危険性があるとみなされる人は、病気の前に体内時計の乱れがみられる。このような知見から体内時計の乱れが精神疾患の早期診断における重要な指標であることが示唆されるので、早期診断による早めの介入が可能になる。

④体内時計の乱れの軽減は精神疾患の状態によい影響を与えるだろう。オックスフォード大学の研究グループは、持続性の被害妄想がみられる統合失調症患者の睡眠をある程度まで安定させた。睡眠が安定すると偏執的な思考は減少し、同時に不安感や抑うつも抑えられた。こうした結果は、睡眠を安定させることが、様々な神経疾患の症状を緩和する有効手段となるかもしれないことを示している。

　まとめると、体内時計の乱れと精神疾患の関係は、従来**図 8a** のようなモデルで描かれてきたが、オックスフォード大学やその他の世界中の研究機関が示したデータによって、より正しく**図 8b** に示されたモデルによって理解されるべきであるという仮説が支持されている。

神経変性疾患にみられる体内時計の乱れ

　神経変性疾患は、脳機能不全につながる神経伝達の異常・減弱を最終的に起こす。よってアルツハイマー病やパーキンソン病な

どの症状において、体内時計の乱れが一般的に報告されることは驚きではない。**図8b**の「精神疾患」を「神経変性疾患」に置き換えても同じ関係性がみられる。神経変性疾患は、ふつう進行性で非可逆性である。しかし、このような症状の患者の健康全般と生活の質（QOL）を向上させるアプローチとして、睡眠を安定させる方法が浮上してきている（**表1**）。症例によっては、身体と精神の衰弱の進行を遅らせる場合もある。

　アルツハイマー病患者にみられる夜間の睡眠断片化の影響は、患者と患者を世話をする人の両方を非常に消耗させ、施設収容への主な理由となる。アルツハイマー病における神経変性の一般的な進行過程では、ほぼ確実に睡眠・体内時計制御の多くの側面が変化する。脳の視床下部前部の神経核と前脳基底部には、睡眠の重要な制御回路が存在する（第6章）。アルツハイマー病患者のこれらの領域の変性が、睡眠に関する問題につながっているのかもしれない。加えて、特に施設に収容された患者にとって深刻になるのが、光を浴びる量が少なくなることである。このことが患者の睡眠パターンのフリーラン（**図7右上**）を引き起こしやすくして、最終的には、体内時間の内的脱同調につながるかもしれない。施設に収容されたアルツハイマー病患者の睡眠を安定させることは、夜間の睡眠の質を向上させるとともに、日中の活動が盛んになり昼間の睡眠が少なくなることにつながる。

　パーキンソン（James Perkinson）は、パーキンソン病についての最初期の記述において、睡眠障害にも言及している（パーキンソンは薬剤師、外科医であるだけでなく、古生物学者で政治活動家だった）。今日ではパーキンソン病の全体の90%の患者に睡眠障害があると推測されている。パーキンソン病には、中脳の黒質内にレビー小体が形成され神経細胞が消失し、脳内のドーパミ

ンが減少するという特徴がある。しかし、レビー小体形成をともなう変性は、睡眠・覚醒の制御（第6章）に重要な役割を果たす脳幹の核にも発生する。パーキンソン病とは異なる、例えばハンチントン病のような大脳基底核の疾患でも、睡眠リズムの制御に関わる重要な構造の萎縮をともなう進行性の体内時計の乱れが観察される。

　図7に示したような体内時計の乱れは、多発性硬化症患者にも報告されていて、睡眠リズムに関わる脳内構造が脱ミエリン化によってダメージを受けていることが示唆されている。睡眠の生成と覚醒制御には、多重の神経システムの複雑な相互作用が関連していて、複数の神経回路に起こる脱ミエリン化が、多発性硬化症患者の睡眠・覚醒に大きく影響する可能性がある。そのような場合、睡眠リズムの安定化は患者のQOLを向上させる可能性があるが、現在まで系統だった研究は行われていない。

　もし図8bに示された関係がおおよそ正確だとすると、精神疾患や神経変性疾患において、睡眠や体内時計を安定化させることは、健康に対して好影響を与えると考えられるし、安定化が実際に役に立つことを証明する科学的証拠も出てきている。例えば、高照度光療法は、体内時計の同調信号として使われ、冬季うつ病や単極性うつ病、双極性障害を含めたいくつかの気分障害の症状を軽減することが示されている。

　光に加えて、松果体から分泌される「ダークホルモン」といわれるメラトニン（第6章）も、体内時計をある程度同調させる働きがある。初期の研究では、視力がなくフリーランを起こしている患者に対して、就寝時刻に3mgのメラトニンを与えたところ、睡眠・覚醒サイクルが適度に安定化した者がみられた。2014年1月に米国食品医薬品局によってメラトニン受容体作動薬タシメル

テオン（商品名：Hetlioz）が承認された（訳注：作用機序が同じで構造の似た化合物も他社からも販売されている）。視力のない104人を対象とした研究の結果、非24時間睡眠覚醒障害の第一選択薬として認められたが、効果は劇的なものではなかった。治療の数週間後、プラセボ群と比較して、夜間の睡眠が増加し日中の睡眠

表2　よりよい睡眠を実現するためのいくつかのアプローチ

睡眠環境を改善する	ベッドに入る前の刺激を制限する
・寝室を眠るための場所にするため、テレビやコンピュータなどの睡眠の邪魔になるものを避ける。 ・寝室を暗くする。暖かくしすぎない。静かな環境にする。 ・快適なベッド、マットレス、枕の準備をしておく。 ・入眠と起床時間を一定に保つようにする。 ・途中で目が覚めたら、あまり強い光を浴びないようにする。イライラしながらベッドに横になったままにせず、別の場所でリラックスしてから、またベッドに戻る。 ・本を読んだり音楽を聞いたりするなど、特にリラックスできるルーティーンを取り入れる。 ・（人間関係を悪くしない程度で）ベッドパートナーのいびきに耐えられないようなら、睡眠場所を変える。	・望ましい入眠時間の少なくとも30分前には光への曝露を制限し、入眠前から寝室の光を落としておく。 ・食事は決まった時間に摂り、いつもの入眠時間の少なくとも3時間前をすぎたらものを口にしない。 ・午後、もちろん入眠前にはカフェイン入りの飲み物を摂らない。 ・眠りにつくためにアルコールや鎮静剤を利用しない。 ・定期的な運動をする。ただし入眠の4時間前以降は、運動を避ける。 ・入眠前にストレスを避ける。 ・入眠の4時間前になったら仮眠をとらない。昼寝をするなら20分以内とする。

が減少したのは、全体の 20%の患者だけだった。メラトニンまたはその作動薬が、神経変性疾患や精神疾患の患者の睡眠・覚醒を安定化させるのにどの程度有効かは、いまだ確定していない。

　光やメラトニンに加えて、社会的手がかりも睡眠や体内時計を制御するのに有効だろう。きちんと時間スケジュールを決めた行動は、光を浴びるパターンに影響を与えて条件づけ、連合学習の強化によって行動のタイミングを修正する。例えば食事のタイミングは、動物やヒトの末梢体内時計の同調に強い刺激となり、認知行動療法に組み込むことが有効だと知られている。認知行動療法は、よく眠るための行動を認識し変容させることで、睡眠習慣と睡眠行動を改善するのに利用される。このような戦略を**表 2**に示した。臨床的には認識されていないが、認知行動療法の鍵となるのは、1 日のうちで適切な体内時計の感受性がみられる時刻に光を浴びたり食事をとったりすることで、同調因子の影響を強めることである。

　サーカディアンリズムの研究は、この 20 年で大きく進歩し、外部環境や病気に関係する体内時計の乱れについての理解も進んだ。1 日 24 時間・週 7 日休みのない社会で、生物の本来もつ時計を考慮しない傾向が強まっていくことが健康に大きな影響を及ぼすことに、我々は今気づき始めている。また、体内時計の乱れと様々な病気との関係についての理解も深まってきた。病的な体内時計の乱れは、ただ単に適切な時間に眠れないというだけでなく、深刻な健康問題を引き起こし悪化させる原因となる。体内時計の乱れに対するさらに効果的な薬物療法、光療法、認知行動療法の開発は、今後、全世界のヘルスケアの経済面に大きな影響を与えるだろう。そして、個人レベルでみれば、数えきれないほど多くの患者とその介護者の QOL を向上させるだろう。

Chapter

·4·

体内時計に光を当てる

Shedding light on the clock

　いかなる理由があっても、時計は現地時間に合わせる必要がある。もしあなたが19世紀にロンドンのグリニッジに住んでいたら、塔の上に設置されている「報時球」（毎日正確に13時になったら落下するようになっている）をみて、時計を合わせるかもしれない。この報時球が初めて設置されたのは1829年のことで、考案者である王立海軍の海軍大佐ウォーコップ（Robert Wauchope）によってポーツマスの地につくられた。しかし、1924年にラジオの時報が英国に導入されると、報時球は廃れて1920年代のうちにほとんど壊されてしまった。現在では、電話による時報サービスやスマートフォンの時刻を利用することができるが、その情報は非常に正確な原子時計に基づいている。仮に宇宙にビッグバンが起きた140億年前にスタートさせても、現在までに1〜2秒しか遅れないほどである。

　体内時計を地球時間（24時間）に合わせるための同調因子は太陽光である。生命誕生以来40億年のほとんどは、夜明けと夕暮

れが主な同調因子だった。体内時計は正確には24時間ではない。そこで、1日の活動と休息の周期が徐々にずれていく（フリーラン）のを防ぐために、光が機械式時計のリューズ（時刻を合わせるためのねじ）のような役割をする。もし体内時計が数分早くなったり遅れたりした場合、リューズを回して正しい時刻に戻すのである。

　光は行動の主要な同調因子で、多くの生物の体内時計にとって包括的で重要な時間信号となる。しかし、ここで強調しておくべきは、ほぼすべての細胞は自らサーカディアンリズムを刻むことができ、様々な外部情報によって同調され、逆に無数の出力を行うことである（第7章）。

　ピッテンドリー（Collin Pittendrigh）は、同調現象について研究を行ったパイオニアの1人である。彼がショウジョウバエで発見した事実は、私たちヒトを含めたすべての生物にも当てはまることが証明された。例えば、ショウジョウバエ、マウス、鳥などが恒暗条件におかれたとき、フリーランが起こるが、恒暗条件下で短い光パルスを当てた場合、光を当てる時間帯によって、リズムの位相をシフトさせる影響がまったく異なる。体内時計が昼と「みなす」時間帯（主観的昼）に光パルスが当たっても、ほとんど体内時計には影響が出ない。主観的夜の前半に光が当たると、翌日の活動の開始時間が遅くなり、同じく後半に光が当たると活動開始が早くなる。ピッテンドリーはこれを「位相反応曲線」（PRC：phase responsive curve：位相応答曲線とも言う）と名づけた。図9はマウスのような夜行性動物の位相反応曲線の図である。

　図9の上部には、明暗サイクルが示されている。その下に示される黒い四角は、1日のうちの活動時間帯（アルファとも言う）

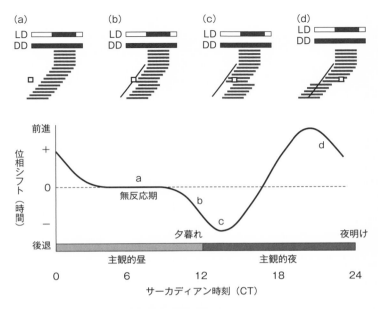

図9 マウスのような夜行性動物の位相反応曲線

を14日間連続して示している。動物を最初は12時間明条件・12
時間暗条件（LD12:12）に、5日目に明かりを消して恒暗条件に
おく（DD）。そうすると、5日目以降は24時間より少しだけ短
い周期でフリーランしていくのがわかる。ここで基準点を決める
ために、夜行性動物の活動開始をCT12と呼ぶことにする。CT0
～CT12が「主観的昼」、CT12～24が「主観的夜」とみなされる。
そこで、動物に対して1日のうちのある1時間だけ光を当ててみ
る（図中a～dの□で示した）。**図9a**では、影響はまったくない
か、またはほぼないと言ってもよい。これは「無反応期」と呼ば
れる。**図9b**では、光パルスを主観的夜の前半に当てると、翌日
の行動がやや遅くなる（位相が後退する）。**図9c**では、さらに遅

い時間に光を当てると、翌日の位相がさらに後退することが示されている。しかし夜の後半に光を当てると（**図9d**）、リズムは前進する。これらの位相シフト（**図9a～d**）とサーカディアン時刻の関係をグラフ化すると、位相反応曲線になる（**図9の下部**）。

　驚くべきことに、位相反応曲線はどんな生物でも、とてもよく似ているのである。夕暮れ時や夜の前半に光が当たるとリズムの位相を後退し、夜の後半や夜明け時にはリズムの位相が前進する。正確には位相反応曲線のかたちは、生物種によって違う。ある種では位相の後退が大きく前進が小さく（特に夜行性の種）、また別の種では後退は小さく前進が大きい（特に昼行性の種）。

　夜明けと夕暮れの光は、フリーランするリズムを前進させたり後退させたりして、ちょうど24時間周期に調整する。さらに、非赤道以外の地域では季節の移り変わりに伴って夜明けから夕暮れまでの時間が変わるとき、どのように行動を正確に季節変化に合わせているのかについては、位相反応曲線によって説明できる。図9に示すように、主観的な夕暮れから夜にかけて、位相の後退の幅はより大きくなる。春に夜の長さが短くなるにつれて、位相反応曲線のより多くの部分で光を「浴びる」ことになり、位相の後退が大きくなる。このように大きく後退した分は、夜明けが早まって体内時計が浴びる光の量が増え、逆に位相が前進することによって相殺される。自然界では、夕暮れ時の位相の後退と夜明け時の位相の前進の平均をとることで同調が行われている。北半球に住む夜行性動物は、日の長い春や夏には、夜間の活動が大幅に縮小されてしまう。これは、活動を暗いうちに行うことで、生き残れる可能性を大きくしているのである。

　黄昏時に巣穴から出て来た夜行性の野生マウスを例にとって、体内時計に対する光の影響（前進と後退）を考えてみるとわかり

やすいだろう。そのマウスが捕食されなかったとしたら、光を浴びて時計は遅れる。そして翌日、行動パターンの開始は遅れ、夕暮れ後に姿を現すことになるので、捕食される危険も少なくなるということになる。また、その日が終わり、もし夜明け時にマウスが巣穴に戻らなかったら、光を浴びたマウスの時計は進んで、翌日の行動の開始は早まり、夜明け前にエサ探しなどの活動を終えることになる。このようにマウスの活動パターンは、前後に定期的に進んだり戻ったりして、夕暮れと夜明けのあたりで自己調整している。昼行性の種の場合、活動時間が昼であること以外は同じである。この場合も先と同様に、夕暮れの光は時計を遅らせ、夜明けの光は時計を進め、活動時間の中心を夜ではなく昼にもっていく。

　光は行動の修正に直接働く。マウスのような夜行性のげっ歯類は、光を浴びると身を隠そうとし、活動量は減って、眠りにさえつこうとする。一方で昼行性の動物は、光によって油断なく警戒するようになる。つまり日内の行動パターンは夜明けや夕暮れだけでなく、光そのものによっても引き起こされている。このように光が行動に直接影響を及ぼすことは、「マスキング」と呼ばれている。マスキングは、体内時計の予知活動と同様に、生物が明暗サイクルに活動を合わせて適応進化するのを助けてきた。

　ショウジョウバエは、ラットやマウスと同じようにサーカディアンリズム研究の重要なモデル生物である。ショウジョウバエは小さくて成長が速く、DNAがすべて解読されていて、飼育がしやすい。また、ショウジョウバエの動きによって赤外線が遮られるのを利用して、1日の移動行動を自動記録できる。さらに、ハエなのにヒトを含めた脊椎動物と多くの遺伝子が似ているのである。ショウジョウバエの成虫の脳には、約10万個の神経細胞が

存在し、脳の各半球に中枢時計として働く約150個の細胞がある。また、ショウジョウバエの眼には様々な光受容器があるが、光受容器は、眼だけではなく、脳内や時計細胞そのものにも存在する。こうした多様な光受容器の相互作用によって、光の情報が中枢時計に伝わるのである。

　ショウジョウバエのように、多くの無脊椎動物のからだは半透明である。その結果、ほとんどの無脊椎動物は、脳の時計を同調させるために、脳内にある光受容体を直接利用しているようである。同調のために光の情報は眼からも集めることができるが、その情報は必要とされない場合もある。さらに無脊椎動物の多くの組織は光を直接感知できる。ショウジョウバエから採取した触角、脚などの組織を培養して観察すると、明暗サイクルに対して遺伝子発現のサーカディアンリズムが同調することが実験で示されている。明暗サイクルが前進または後退すると、遺伝子発現のリズムの位相も変化する。

　脊椎動物の脳には、かなりの量の光が入り込む。フォン・フリッシュ（Karl von Frisch）、ベノイト（Jacques Benoit）、ドット（Eberhard Dodt）、メネカー（Michael Menaker）のような優れた研究者が、1900年代から1970年代までに先駆けとなる研究を行い、次のようなことが示された。鳥類、爬虫類、両生類、魚類（哺乳類は含まれない）には、眼以外の部位（松果体、視床下部、その他の脳部位など）に光受容体があるので、無脊椎動物と同様に、多くの場合、眼を失っても同調能力にはほとんど影響がない。ロンドン大学のウィットモア（David Whitmore）は、ゼブラフィッシュがすべての組織に光受容体をもっていて、末梢時計（local cellular clocks）の同調に利用していることを明らかにした。TMTオプシンという感光分子をエンコードする遺伝子が、この

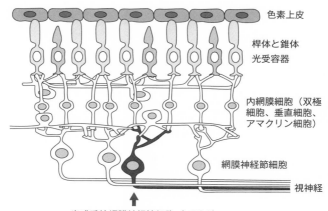

図10　哺乳類の網膜の模式図
　　錐体と桿体は、網膜内部の二次神経細胞（双極細胞やアマクリン細胞）を
介して、視覚情報を網膜神経節細胞（黒で示した）に届ける。

ような光受容性を生み出しているという考え方が有力である。

　これに対して哺乳類は、他の脊椎動物と大きく違って、光受容体が眼にしかない。卵生の哺乳動物（カモノハシやハリモグラ）、有袋目の哺乳動物、胎盤をもつ哺乳動物といった、哺乳類のすべてのグループは、眼を失うと明暗サイクルにサーカディアンリズムを同調させることができない。しかし驚くべきことに、網膜の視細胞（桿体と錐体）は、夜明けと夕暮れの信号を察知するのに必須ではない。眼には第三の光受容体が存在するのである（**図10**）。

　フォスター（Russel Foster）の研究グループが行った1990年代後半の研究によって、桿体や錐体がまったくないマウスでも、光に対してサーカディアンリズムを通常通りに制御できるが、眼を覆うと同調ができなくなってしまうということは、眼には桿体

や錐体以外の光受容体があるはずだ、という仮説が提唱がされた。フォスターが最初にこの説を提唱したときは、かなりの批判を受けた。150年もの間、精力的に眼の研究が行われてきたのに、光受容体のすべての種類が見つかっていないとは考えにくい、と視覚を専門とする研究者たちは異論を唱えた。それにもかかわらず、フォスターらは、桿体と錐体のないマウスの研究を続けたのである。またバーソン（David Berson）はラットで、デイシー（Dennis Decay）の研究グループは、サルで同じテーマの研究を行った。その結果、哺乳類の網膜には、光感受性網膜神経節細胞（pRGC）が少数存在する（すべての網膜神経節細胞のうち、光感受性をもつのは約1～2％）ことがはっきりと示された。

　pRGCはメラノプシンという青色の感光色素タンパクをもっている。メラノプシンの遺伝子は、現在バージニア大学で研究を行っているプロヴェンシオ（Ignacio Provencio）によって最初に発見されたのだが、彼は、アフリカツメガエルの感光色素細胞（メラニン保有細胞）からメラノプシン遺伝子を取り出した。マウスの桿体、錐体、pRGCを遺伝子除去すると、光に対する体内時計の同調はなくなる。つまり眼やからだにあるサーカディアンリズムを制御する光受容体は、この3つの他に存在しないということである。また、桿体や錐体はリズムの同調に必須ではないが、ある環境下ではpRGC内にあるメラノプシンの光への反応に寄与していることがわかってきた。pRGC内のメラノプシンの遺伝子発現を抑制しても、光によるマウスのリズム同調はなくならないが、感度が落ちる。桿体と錐体は、内網膜神経細胞（双極細胞やアマクリン細胞）を介して間接的にpRGCに投射している（図10）ので、メラノプシンが欠けていても、桿体と錐体はその働きを部分的に補償することができるのである。こうした、異なる種

類の光受容体の相互作用のパターンは、複雑であることがわかってきている。さらに複雑なことに、眼にも独自の体内時計があり、桿体、錐体、pRGC の相互作用の強さを変化させている。

　マウスと同じように、ヒトも網膜の桿体と錐体が遺伝疾患によって存在しなくても通常通りの体内時計の同調がみられ、pRGC は青色光に一番よく反応する。この事実は、医療において大きな影響を及ぼす。現在の眼科医は、眼を失うことが視力と正確な時間感覚の両方を失うことにつながると理解している。さらに桿体と錐体をなくして視覚障害を起こしている遺伝疾患は、pRGC には影響を及ぼさないことが多い。眼科医は、眼があって視力はないが、pRGC は機能している場合には、サーカディアンシステムを同調させるために十分な光を取り入れるように助言しなければならない。眼が空間感覚と時間感覚の両方を与えていることが認識されたことにより、診断や治療、失明について再認識が迫られている。

　哺乳類が網膜以外の光受容体を失ってしまったことには、その進化の歴史が関係している。現代の哺乳類のグループはすべて夜行性の祖先から進化した。日中は恐竜の天下で、哺乳類は夜に姿を現す。黄昏時に巣穴から出て来る哺乳類の先祖たちにとって、毛皮と厚い骨に埋もれた光受容器では、確実に十分な光を受け止めることができず、結果として、網膜以外の光受容器はなくなってしまったのである。時々ヒトには網膜以外にも光受容器があると主張されることもあるが、厳密な科学的事実に基づいたものだったことはない。

　ところで、哺乳類の体内時計はどこにあるのだろう。ジョンホプキンス大学のリヒター（Curt Richter）は 1950 年代から 1960 年代まで、ラットの脳を小さく部分的に傷つける方法で時計の所

在を探っていき、脳の深部のどこかというところから、ほぼ確実に視床下部の内部にあるというところまで絞り込んだ。また、1970年代前半に行われた一連の研究で、ムーア（Robert Moore）とザッカー（Irving Zucker）は、それぞれ別に「時計」のようなものを発見した。サーカディアンリズムは明暗サイクルに同調することが知られていたので、網膜から直接入力を受ける視床下部内部の構造が体内時計だと考えた。視交叉上核（SCN）は視床下部の基底部にある一対の小さな核で、第三脳室の両脇に位置する。視神経が脳に投射する箇所（視交叉）の上部である。視交叉からは、たくさんの神経線維がSCNに入力される。ムーアとザッカーがSCNを傷つけると、サーカディアンリズムはみられなくなったのである（**図11**参照）。

　ムーアとザッカーの研究成果によって、おそらく哺乳類の神経系における体内時計中枢のある場所がSCNだということが示された（**図11**）（訳注：三菱化学生命科学研究所の井上慎一と川村浩の研究も、SCNが主時計であることの解明に大きく貢献した）。そして10年後、バージニア大学のメネカー（Michael Menaker）研究室の決定的な実験によって、そのことは確定された。20時間という短い周期をもつ突然変異ハムスター（タウ変異体ハムスター）からSCNの小さな移植組織を取り出し、SCNが傷つけられた通常のハムスターに移植した。すると輪回しの行動にサーカディアンリズムが復活しただけでなく、そのリズムは移植元のハムスターのSCNがもつ周期を常に示したのである。そこでは、どちらに移植するかということは関係ない。つまり、24時間周期のハムスターに20時間周期のSCNを移植すれば20時間周期のリズムが現れ、20時間周期のハムスターに24時間周期のSCNを移植すれば24時間周期が現れる。これらの実験によって、SCNが哺乳類

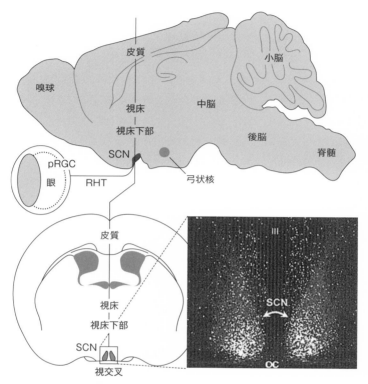

図11　ラットの脳を横からみた図
　眼の pRGC から視交叉上核（SCN）への網膜視床下部路（RHT）が示されている。SCN には哺乳類のサーカディアンリズムの体内時計中枢がある。脳を正面からみた図には、一対の SCN が視神経交叉の上部にある第三脳室の両側にあることが示されている。SCN の拡大図には、個々の SCN 神経細胞（白い点）と、これらの「時計細胞」から視床への投射が示されている。

の「体内時計中枢」であることが確定された。この画期的な発見をきっかけに、サーカディアンリズムの研究は現象論から神経科学の時代に移ったのである。

　SCN は、1つ1つが自律性をもちサーカディアンリズムを生み出す細胞からできている。SCN を単離して細胞培養を行うと 6 週

間は神経発火のサーカディアンリズムを安定して生み出す。シャーレの上で細胞の１つ１つが我々のよく知っている時計なのである。これは、1990年代中盤のレパート（Steven Reppert）らの実験によって、初めて示された。生まれたばかりのマウスのSCNをバラバラにして、個々の細胞を格子電極に紐づけた。そして、それぞれの細胞の自発活動電位（スパイク）を何日も何週間にもわたって記録した。個々の細胞の神経発火頻度には、はっきりとしたサーカディアンリズムがみられたが、そのリズムの位相は細胞によってまったくバラバラだった。つまり、SCNの神経細胞は１つ１つが時計のように働き、細胞内部にリズム発振器が存在するのであって、細胞のネットワークによってリズムが生まれるわけではないのである。

　マウスのSCNには2000個ほどの神経細胞があるが、まったく同じものばかりではない。ある神経細胞はpRGCから光の情報を受け取りSCNの他の神経細胞に中継する。また視床下部や脳の他領域に神経投射しているものもある。またSCNの神経細胞は集合的に100種類以上の様々な神経伝達物質や神経ペプチド、サイトカインや成長因子などを分泌する。SCNはいくつかの領域（神経細胞のクラスター）にわかれていて、それぞれ異なる機能をもつ。さらに細胞によって、かなり周期が異なる（21.25～26.25時間）。SCNの個々の細胞は独自の時計機能をもち、その周期は様々であるが、その自律的な神経活動のリズムは、SCNのシステムレベルで同調して、哺乳類のからだの他の部分に、ほぼ24時間周期の信号を送っているのである。

　SCNにある細胞の各タイプの役割については、まだよくわかっていないところも多いが、ニューロメディンS産生神経細胞と呼ばれる細胞群は特に重要な働きをしている。ニューロメディ

ンS産生神経細胞は、ニューロメディンSとして知られる神経ペプチドを産生し、SCNの中央領域に主にみられる。トランスジェニックマウスを使ったいくつかの洗練された実験によって、テキサス大学のジョー・タカハシ（Joe Takahashi）のグループは、ニューロメディンS産生神経細胞の細胞内サーカディアンリズムの周期が長くなると、動物の行動リズムの周期も長くなることを示した。ニューロメディンS産生神経細胞がサーカディアンリズムをなくしたり、ニューロメディンS産生神経細胞からのシナプス伝達が阻害されたりすると、SCN全体で位相の揃ったサーカディアンリズムが消失する。つまりニューロメディンS産生神経細胞は、細胞間のシナプス伝達によって、SCN全体の同調を調整しているということになる。こうしたメカニズムによって、SCNは正確に持続する強固なリズムをつくり出す。他の様々な組織・器官の細胞もサーカディアンリズムをつくり出すことはできるが、こうした持続性や正確性はみられない。実際にSCNのリズムはとても強固で、SCNを含んだ脳組織の薄片を培養すると、サーカディアンリズムはゆうに1年以上持続する。

　SCNの神経細胞には、自律性活動電位のサーカディアンリズムがみられる。夜中よりも日中に発火頻度が大きく、脳や神経分泌システムの適切な標的神経細胞に対して、交互に刺激性または抑制性の入力することで、次々と多くの律動的な変化を生み出す。自律性活動電位の周波数が日中に高いことは、その哺乳類が夜行性でも昼行性でも変わらない。ということは、動物が活動的になるのが夜か昼かという行動の違いを生み出す「夜行性と昼行性を決めるスイッチ」は、SCNより下位のレベルに位置するに違いない。SCNは35の脳部位に直接投射しているが、その大部分は視床下部、特にそのホルモン分泌に関わる領域に投射している。実

際に、コルチゾールのような下垂体ホルモンは、強固に体内時計制御されている。さらにSCNは自律神経活動を制御し、それを通して標的組織のホルモン伝達への感受性も含めた様々な生理機能を体内時計制御のもとにおいているのである。

直接的な神経結合に加えて、SCNは拡散性の化学信号によって体内の他の部位に信号を伝える。1990年代にコロンビア大学のシルバー（Rae Silver）の研究グループは、SCNを傷つけたマウスに、半透過性の小さいカプセルにSCNを入れて移植する実験を行った。そのカプセルによって神経のつながりは絶たれたままになるが、中に入ったSCNからの化学物質拡散による信号伝達はできる。すると神経のつながりがなくても、サーカディアンリズムはある程度回復したのである。

バソプレシンは、化学伝達物質の有力な候補だとみなされている。なぜならSCNにはバソプレシン産生神経細胞がたくさんあり、様々な哺乳類の脳脊髄液に含まれるバソプレシンには、明らかな昼夜のリズムがあるからである。SCNのスライスした組織を培養した状態でも、バソプレシン分泌には強固なサーカディアンリズムがみられる。ただし、SCNからのバソプレシン分泌と生理機能や行動のリズムの間の関係はまだはっきりとわかっていない。

SCNは哺乳類の中枢時計だが、他にも体内には時計がある。これまで、肝臓の時計、筋の時計、十二指腸の時計、脂肪組織の時計、その他すべての器官・組織の時計について調べられてきた。SCNを傷つけると自発運動のような行動リズム全体が乱れるが、肝臓または肺だけに起こった時計機能の乱れは、その標的器官に限った概日リズム障害につながる。組織培養された肝臓、心臓、肺、骨格筋、乳腺などの組織はサーカディアンリズムを示すが、数周期後には、リズムは弱くなり消えてしまう。これはリズムを失う

細胞が出てくるからだが、それ以上に個々の細胞の時計どうしの連携がなくなってしまうことが大きな原因となっている。つまり細胞は時を刻んでいるが、位相がバラバラになってしまうと、組織や器官から 24 時間のリズムが失われてしまうのである。

からだのほぼすべての細胞に時計があるという発見は、時間生物学研究の分野において、非常に大きな驚きをもたらした。ジェノバ大学のシブラー（Ueli Schibler）の研究グループは、長期間培養したマウスの線維芽細胞（結合組織において重要な細胞）に対して、培地に少しの血清を加えることで「ショック」を与えると、サーカディアンリズムが出現することを発見した。何らかの方法で個々の線維芽細胞のサーカディアンリズムは同じ位相に同期し、線維芽細胞のグループ全体に同調したリズムが検出された。このシブラーらの発見は、pRGC によって同調される SCN は、からだ中の器官・組織にある何十億もの末梢時計のリズムを調整する（引き起こすのではなく）ペースメーカーとして機能する、という理解につながった。SCN から末梢時計へ同調信号を伝達する経路はまだ明らかになっていないが、からだ中にある細胞の時計に対して、膨大な信号を別々に送っているのではないことはわかっている。むしろ限られた神経信号やホルモン伝達によって末梢時計を同調させ、局所の生理機能や遺伝子発現のリズムを調整しているようである。また、SCN は末梢からフィードバック信号を受け取り、24 時間の明暗サイクルの変化に合わせてからだが機能するように調整している。そして、多くの器官・組織のサーカディアンリズムは相互に結びついて、生理機能や行動を制御する体内時計にしっかり合わせて動くが、SCN と末梢時計が不調和を起こす場合もある。

ラットの行動はサーカディアンリズム、特に食事のリズムに強

固に制御されている。いつでもエサが食べられるような状況では、ほとんど本来の活動時間帯である夜に食事をする。しかし、メネカー（Micheal Menaker）の研究グループは次のようなことを示した。いつもは眠っている明るい時間帯の数時間にしかエサが食べられない場合、ラットはすばやく生理機能と行動のサーカディアンリズムを変化させる。移動運動、体温、コルチコステロイド分泌、代謝システムなどが食事ができるタイミングに合わせて再調整されるが、SCNの時計機能は通常の明暗サイクルに揃ったままである。こうした場合、肝臓、腸、その他の器官の時計はSCNから切り離され、リズムは食事に合わせた位相にシフトする。

　ラットは定時にエサが出て来ることを予測して、その直前に活動量が多くなる。これを摂食予知行動（FAA）と言う。ラットが予測するということは、摂食予知行動が自律的な時間調整システムによって引き起こされるという結論を非常に強く後押しする。驚くべきことに、SCNを傷つけたマウスに24時間でスケジュールされた給餌をしたところ、摂食予知行動がみられた。これは、SCNとは独立して食餌同調振動子（腹時計）が存在することを示唆している。

　からだの多くの器官が腹時計をもっているようである。食事が腹時計の同調因子として働く重要なメカニズムには、レプチンとグレリンなどのホルモン分泌が関わっていると考えられる。空腹のときにはグレリンが分泌され、食事をして胃が膨らむとグレリンの分泌は止まる。グレリンは視床下部の脳細胞に作用して空腹感を高める。胃酸の分泌と胃腸の運動を促し、からだが食物を摂る準備をするのである。グレリンを注射した人は、とても強い空腹感を感じて食事量が増える。一方、レプチンは脂肪細胞から産生され、グレリンとは逆の働きをして、空腹感を和らげる。グレ

リンとレプチンは食事のできるタイミングによって制御され、視床下部弓状核（**図11**）の受容器に作用し、食欲を制御してエネルギーの恒常性を保とうとする。しかし、脳以外の細胞でレプチンとグレリンの受容体をもつものは複数あるので、これらの食欲調節ホルモンは、からだ中の末梢時計にも信号を効率的に伝え、食物を摂ることができるかどうかを教えているのである（第7章）。

　適応という視点からみると、腹時計があることによって、生物は光によって同調するSCNの制御から外れて、通常は眠っている時間に定期的な食事を摂ることも可能になる。腹時計は食事の直前に、動物の覚醒度、食欲、胃酸分泌、代謝などを亢進させ、本来は「誤った」時刻にありつけるかもしれない食べ物を最大限に活かせるようにする。自然界において、動物は腹時計が駆り立てる、食物を利用できる時間に行動するという動機と、身を晒して捕食される大きなリスクを比較して行動するわけである。

　同調因子には、光や食事の他に、身体活動や温度などがある。げっ歯類では、例えば日中の輪回しのような身体活動を規則正しく行うと、位相にシフトが起こり、歩行活動のサーカディアンリズムに同調が起きる。ヒトでも身体活動が位相のシフトを起こすことに影響していることが、いくつかの研究によって示されている。夜中に行う一過性の身体活動は、サーカディアンリズムの位相を後退させるが、定期的な身体活動を日中に行うことは、同調の安定性の維持を助けるかもしれない。24時間周期の温度変化は、たとえその幅が1〜2度でも、すべての変温動物（虫、魚類、は虫類など）を同調させるが、鳥類や哺乳類などの恒温動物には、ほとんど影響を及ぼさない。しかし、単離して培養された哺乳類の細胞は、周期的な温度変化に同調する。膜の性質の変化、電解質の恒常性、カルシウムの流入、その他の信号カスケードを変化さ

せることで、温度変化は変温動物や哺乳類の培養細胞の時計に直接影響を及ぼすのである。この点は、光によって活性化する信号伝達経路にいくらか似ている（第5章）。

　哺乳類の体内時計は、非常に柔軟な適応性（可塑性）をもっている。そのおかげで、動物は食事にありつける可能性が最も高い時間帯に集中して行動を起こすことができる。また、摂取した栄養を効率よく吸収・使用・貯蔵できるように、生理機能と代謝のリズムを調整する。またSCNは、光によって行動を同調させるリズム発振器（光時計）で、睡眠・覚醒サイクルを制御する。一方、末梢細胞にある腹時計は食事のパターンに同調される。SCNの働きが弱くなると（光信号が弱かったり、24時間周期でなくなるなど）、腹時計の働きが強くなる。逆に腹時計の働きが妨げられると（食事がいつ摂れるかがわからなかったり、いつでも摂れる状況など）、SCNの働きは盛んになる。またSCNと腹時計の同期が妨げられると、飢えを避けるためにSCNの働きは弱められる。驚いたことに、かなりの努力がなされているにもかかわらず、まだ腹時計がどこにあるか確定されていない。

　当初は、哺乳類の体内時計として、SCNだけがサーカディアンリズムを規定するような階層モデルが考えられていたが、それは明らかに単純すぎるものだった。体内時計は、複雑で非常に洗練された方法によって、生物の内部環境と外部環境の両方に合わせた時間調整をしていることがわかってきている。このように体内時計の仕組みに関する理解が進むと同時に、個々の細胞が、外部の同調因子によって制御されるサーカディアンリズムをどのように生み出すかについても、解明されつつある。

分子時計がリズムを刻む

The tick-tock of the molecular clock

　1765年8月に6人の専門家がロンドンのジョン・ハリソン（John Harrison）家に集い、彼の開発した経度時計（クロノメーター）を試していた。彼らはこの時計を分解してそのメカニズムを追求し、1週間後には完全にその中身を理解した。H5と名づけられたハリソンの時計は、開発当時、懸賞金を獲得し航海術に多くの革命を起こした。この時計はネジ式であったが非常に高い精度で時を刻んだ。グラスホッパー型脱進機を原理とするこの時計は、手元で時間や分が示せた。もちろんこのクロノメーターH5は当時の機械工学の賜物であり、後に分子時計のモデルにもなる。一方生物界では、哺乳類をはじめ鳥、トカゲ、魚、昆虫、植物、カビ、藻類や、バクテリア（高度好塩菌）に至るまで体内時計が見出されていた。

　1953年にワトソン（James Watson）とクリック（Francis Click）がDNAの構造を解明する以前は、生物の体内時計の分子機構を原理的に説明するのは不可能であった。彼らの仕事は生物

学に大きなインパクトを与え、その後の体内時計の分子機構研究にも大きな影響を与えた。ベンザー（Seymour Benzer）は体内時計の分子機構のパイオニアである。ベンザーは物理学者としてスタートしたが、後に分子生物学に転向し、バクテリオファージの詳細な遺伝子地図を書き上げた。約10年のウイルス遺伝子研究の後に、行動遺伝子に興味を移した。彼には2人の娘がいたが、あまりに性格が違うのに驚かされ、性格や行動がどの程度、遺伝子と環境の影響を受けるかにとても興味をもった。

　当時カルフォルニア工科大学にいたベンザーは、キイロショウジョウバエを実験動物に選んだ。キイロショウジョウバエは20世紀の遺伝学の発展に大いに貢献し、1遺伝子の変異が「曲がり羽」のように形態の変化に対応し、表現型の記載に便利な生き物だったからである。ベンザーは特異的行動が1遺伝子の変異により影響を受けると仮定した。今では信じられないかもしれないが、50年前の当時、1遺伝子の変異が行動に影響するとの考えは余りに非常識で反対も多かったのである。

　コノプカ（Ron Konopka）は、ベンザーの研究室の大学院生で体内時計に興味をもっていた。そこで1970年にコノプカとベンザーは体内時計の狂った変異ショウジョウバエをつくり出そうと試みる。コノプカは、体内時計の指標として蛹から生体になる羽化のタイミングと歩行活動を選択した。羽化は通常明け方に起きる。蛹は12時間照明：12時間暗の条件で飼育し恒暗条件に移すが、明暗条件がなくても体内時計を使って朝方（主観的朝）を感知できる。ラテン語でショウジョウバエが「露を愛する者」(dew-lover）と呼ばれているように、朝は最も湿度が高く羽が出てくるのに適した時間であり、湿度の低いその日の午後に羽は硬くなる。この羽化のタイミングにはゲートがあり、もし最初のタイミング

が合わなければ翌日に羽化しようとトライするわけである。コノプカとベンザーはショウジョウバエを細いチューブに閉じ込め、この間を動き回ると赤外線センサーでカウントする装置（訳注：この装置開発に、当時留学していた堀田凱樹氏も関わる）を開発し歩行リズムを測定した。

　コノプカは雄のハエの DNA に点変異を誘導するために、メタンスルホン酸エチル（EMS）を用い、さらに正常の雌にかけ合わせ、その子孫の羽化と歩行活動のリズムを観察した。このかけ合わせを 200 回以上行い、3 つの変異体を見出した。1 つは羽化が遅く、28 時間の行動周期をもつもの、もう 1 つは羽化が早く 19 時間の周期をもつもの、3 つめは羽化も行動も無周期になったものだった。この 3 つの変異の原因はすべて X 染色体の同じ位置にマップされた。この遺伝子は period（per）遺伝子と名づけられ、長周期は per^L、短周期は per^S、無周期は per^0 と命名された。このようにしてコノプカは体内時計遺伝子の存在を示すとともに、初めて行動に関わる遺伝子を同定した。

　PhD をベンザーのもとで取得したコノプカは、ピッテンドリー（Colin Pittendrigh）博士のもとでポスドク（博士研究員）を経験し、サーカディアンリズムの生理学の基礎を学んだ。その後カリフォルニア工科大学へ戻り、助手となる。しかし、この素晴らしい業績の後、残念ながらコノプカの仕事はいま 1 つ伸びなかった。1970 年代に 2、3 の論文を書くが、カリフォルニア工科大学のテニュアー（終身職）を取るには不十分であった。そのためカリフォルニア工科大学を去り、ニューヨークのクラークソン短大に移るが、1980 年代後半にこの大学でもテニュアーが取れず、アカデミーの世界を去る。その後彼はカリフォルニアに戻り、トレイラーハウスに住むほど苦労をし、コンピュータ技師も経験する。

2015 年に亡くなるが、この *per* 遺伝子の発見により、後に多くの時間生物学者の尊敬を集めた。時間生物学の分子生物学は、まさにベンザーの指導のもとでコノプカがまとめた学位論文から始まったと言える。彼らは体内時計を分解し、どのように生物時計が成り立っているかを解明する第一歩を示した。つまり歯車や針にあたる分子は何か、どのようにこれらが噛み合うのか、何が制御するのか、どのようにして約 24 時間のリズムをつむぎ出すのかを引き出す第一歩が始まった。

　動物や植物の体内時計は、多様な相互作用をする転写・翻訳フィードバックループからなる。そして何千もの遺伝子が組織特異的に適切な 24 時間のリズミックな発現を示し、この現象をつむぎ出す。

　遺伝情報は DNA に書かれている。そしてこの情報はタンパク質をつくるための鋳型である mRNA の情報として読まれる。mRNA 上の塩基配列は DNA 配列をもとにして読み出される。真核生物（核をもった生物）ではこの mRNA が核から細胞質へ移行し、タンパク質合成工場であるリボソーム上でタンパク質がつくられる。この過程は翻訳と呼ばれ、mRNA の情報の並びに従ったアミノ酸を tRNA が運んできてタンパク質をつくり上げる。

　タンパク質をコードする DNA の配列は大きく 2 つに分けられる。1 つはタンパク質をコードする配列であり、もう 1 つはプロモーターもしくは制御配列と呼ばれる部分である。タンパク質コード領域は 3 つの塩基で 1 つのアミノ酸を指定し、プロモーターは転写制御因子が結合する領域である。多くの転写制御因子は DNA 結合領域（bHLH）と呼ばれる領域でプロモーターに結合し転写を開始させたり、止めたりする。1 つの遺伝子の転写には多くの転写因子が関わる。重要な点は古典的ネガティブフィー

ドバックと呼ばれる経路では細胞質でつくられた転写因子が核に入り、自分自身の遺伝子発現を抑制することである。もしこの転写因子が分解を受けるとその転写はまた再開される。

さらに3人の科学者がショウジョウバエの分子時計の解明に貢献する。ベンザー研のポスドクであったホール（Jeffrey Hall、後にブランダイス大学へ移る）、ロスバッシュ（Michael Rosbach、ブランダイス大学）、ヤング（Michael Young、ロックフェラー大学）の3人である。彼らは独立に、またときには協力して1980年の中頃にショウジョウバエ *per* 遺伝子の単離に成功する。次の重要な発見はPERタンパク質がショウジョウバエ脳内の"外側神経"（lateral neuron）と呼ばれるいくつかの細胞で24時間振動発現していることである。明暗サイクルがないような条件下でも、主観的夜の前半に *per* 遺伝子mRNAのピークが現れ、数時間後にPERタンパク質のピークがみられたのである。

1990年の初めに、ホールとロスバッシュの研究室は *per* mRNAの発現から6〜8時間遅れてPERタンパク質が細胞質でピークを迎え、その後、核へ移行されることを見出した。PERタンパク質が核に入ると *per* 遺伝子の発現を抑制したのである。この転写と翻訳の減少が次のPERタンパク質の発現を引き出す。つまり、PERタンパク質が減少すると転写抑制が弱まり、また *per* mRNAが転写される。このネガティブフィードバックループが約24時間で繰り返されるわけである（**図12**）。

この概念はすばらしく先見性に富んでいたが、細かいところで欠点があった。それは、PERタンパク質はbHLH領域をもたないため、DNAに直接結合して抑制することができないという点である。1994年にヤングらがこの欠点を解消する第2の時計遺伝子タイムレス *timeless*（*tim*）をみつけるとさらに謎は深まった。

72

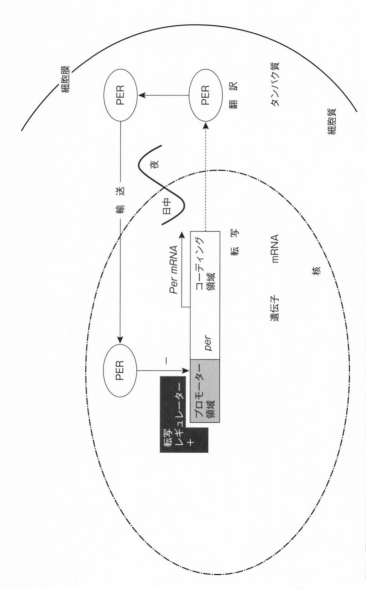

図12 最初に考えられていたショウジョウバエの転写・翻訳フィードバックループ

2019年現在の対象辞書です。
最新情報はQRコードから!

くわしくは
こちら!

の24時間で振動し、PER タンパク
しかし PER も TIM もその複合体
で謎は深まった。1998年になり、
ープの謎が解かれる。

べさせる手法で、ホールとロスバシュは新た
な無周期の２つの変異体 *jrk*（*clock*）と *cycle*（*cyc*）を見出す。これ
らのタンパク質は bHLH 領域をもち、*per* や *tim* の DNA に結
合することができた。さらに *jrk* と *cyc* は PAS 領域をもち、お互
いが結合し、CLOCK-CYCLE 二量体を形成することができた。
PER タンパク質もまた PAS 領域をもち、PER-TIM 二量体がど
のように CLOCK-CYCLE 二量体に PAS を介して結合していく
のかに関心が向けられた。このようにして CLOCK-CYCLE が転
写活性化因子として *per* や *tim* の転写を促進し、PER や TIM は
CLOCK-CYCLE を PAS 領域を介し抑制する転写因子であるこ
とが解明された。**図13** にショウジョウバエの時計遺伝子産物を
まとめて示した。ちょっとみるとかなり複雑にみえるので、**図13**
とその説明をスキップしてもよい。しかし、このような遺伝子と
その産物（タンパク質）の複雑な相互作用が生理機能や行動に与
える影響はたいへん大きい。

　ショウジョウバエの体内時計分子機構は３つの転写・翻訳
フィードバックループからなる。**図13** の PER-TIM ループはそ
の中で中心をなすもので、第２、第３の転写・翻訳フィードバッ
クループがこのループの安定化に寄与する。このコアフィード
バックループは CLK と bHLH をもつ CYC が結合し、*per* や *tim*
遺伝子の上流にある E-box 配列に結合し、転写を開始する。

　PER と TIM タンパク質が夕方にたまり始める。ただし TIM
は少し遅れてたまるが、夜遅くにはピークに達する。PER のタン

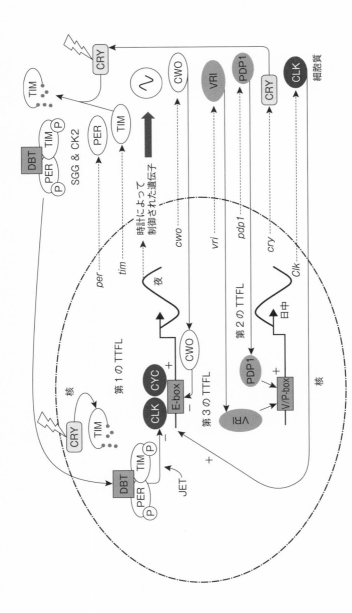

図13 現在考えられているショウジョウバエ体内時計の分子モデル
転写・翻訳フィードバックループ（TTFL）が3つ存在する。いくつもの段階を経て、安定したほぼ24時間のリズムを生み出している。

パク質は DBT（遺伝子名 *doubletime*）と呼ばれるキナーゼにより リン酸化され分解される。そこで PER は夜の始めにはたまらない。しかし TIM タンパク質がたまり始めると、PER-DBT 複合体に結合し、PER のリン酸化による分解を抑える。

　TIM-PER-DBT 複合体の中では、TIM と PER は他の2つのキナーゼ SHAAGY と Casein kinase 2（訳注：Kinase とはリン酸化能をもつタンパク質の総称である）によるリン酸化を受ける。このリン酸化により夜の後半にこの複合体が核移行する。いったん核に入れば TIM-PER-DBT 複合体は CLK-CYC に結合し転写を抑制する。その後 TIM-PER-DBT 複合体は2つの機構で分解される。① PER は TIM-PER-DBT 複合体から離れると DBT によるリン酸化を受け、ゆっくりとした複合体の解離を起こす。昼の前半に起きるこの解離は CLK-CYC の抑制を徐々に戻す。そこで *per* や *tim* 遺伝子の転写が再開する。②夜明けの光は TIM を分解する。しかし TIM 自身が直接先に反応するのではなく、青色光により活性化された *cry* 遺伝子産物、CRY タンパク質が構造を変え TIM に結合する。CRY-TIM 結合は細胞質でも核でも起こる（光刺激をいつ当てたかによってくる）。TIM は別のキナーゼによりリン酸化され F-box タンパク質（JET、jetlag）により分解される。

　TIM 分解に関わる他の光受容体やその分子機構については不明な点が多い。朝の光がくると TIM-PER-DBT 複合体中の TIM が分解され、核内で PER が DBT によりリン酸化を受け分解する。この PER 分解により TIM-PER-DBT 複合体を維持できなくなり、CLK-CYC による転写活性化が再開する。

　CLK-CYC が3つの時計遺伝子のプロモーター中の E-box 配列に結合することで、*vrille*（*vri*）、*par domain protein 1*（*pdp 1*）、*clockwork orange*（*cwo*）の転写が始まり、分子時計の中の新た

な2つの転写・翻訳フィードバックループがつくられる。第2の転写・翻訳フィードバックループはVRIとPDP1がCLKプロモーター中のV/P-boxに結合し*Clk*遺伝子の転写を抑制する。このようにしてVRIとPDP1は夜に*Clk*転写を抑え、昼の前半にその転写を活性化する。*cry*遺伝子もCLKの支配下にあり、明け方にはそのピーク発現がみられる。しかしCRYタンパク質は夜の後半に蓄積する（なぜなら光が分解するので）。そして朝方の光の後半に分解されるTIMを手助けする。

第3の転写・翻訳フィードバックループはCWOによってつくられる。このフィードバックループによってCLK-CYCは*cwo*遺伝子の転写を促進し、つくられたCWOタンパク質がCLK-CYCの転写を抑制する。このようにしてCWOはCLK-CYCに対するTIM-PER-DBT抑制をさらに強める。

おもしろいことには、多くの遺伝子にE-boxが存在し、これら遺伝子は日周発現するようコントロールされている。これら時計制御遺伝子（CCG）はコアの分子時計ではないが、下流の遺伝子発現を通して直接、間接にリズムを制御する。

これらの複雑な制御網は、転写や翻訳にふつう、少なくとも2時間かかることを考えれば当然のことである。その結果、約24時間のリズム形成にこのような物質的変化の遅れは必然となる。図13に示したように、体内時計のリズム形成には環境からの様々な調節要因がからみ、分子レベルでは、転写速度、翻訳、タンパク質複合体形成、リン酸化、翻訳後修飾、核移行、転写抑制、タンパク質分解等の様々な調節が影響する。

もう1つの大切な問題は温度補償性である。1つの考え方は、これら複雑な分子のネットワークの中にその答えがあるとする説である。当然、分子時計の各パーツは温度感受性であると考えら

れる。しかし転写や翻訳速度を上げれば周期は短くなる。一方で細胞質での時計タンパク質の分解を早めれば体内時計の周期は長くなる。このようにある分子経路が長くなっても、他の経路が短くなればプラスマイナスゼロになる。

　光は TIM タンパク質の分解を介して時計をリセットする（**図13**）。しかし体内時計のリセットには神経間相互作用も必要である。ショウジョウバエは明け方と夕方に活動する生物である。時計遺伝子を発現する 150 の LN 神経細胞は 7 つの領域に分けられる。ロスバッシュらは、エレガントな実験を行い、朝時計（M cells）と名づけた明け方の行動に必要な神経細胞（LNvs）と、夕方の活動に必要な神経細胞（LNds と DNs）が異なることを示した（夜時計 E cells）。しかしこの夜時計と朝時計も神経を通して相互作用する。遺伝子工学的研究から、朝時計を早めると夜時計もこれに呼応して動き、位相変化にも対応することがわかった。さらなる研究から、冬のような短日条件では朝時計が優位に、逆に夏には夜時計が優位になることを示した。

　驚くべきことには、同様の体内時計機構が哺乳類でも見出された。ショウジョウバエとマウスを比べると少し役者は異なるが、もちろん同じ昆虫の間でも動物界に共通の体内時計機構がみえてきた。テキサス大学のジョー・タカハシ（Joe Takahashi）のグループは哺乳類の体内時計を研究するため、ちょうどコノプカからがショウジョウバエでスタートしたように変異原をマウスに与えた。タカハシとその共同研究者らはこのような方法でリズムが狂ったマウスを 1994 年に見出し、哺乳類最初の時計遺伝子 *Clock*（*Circadian Locomotor Output Cycles Kaput*）遺伝子を 1997 年に単離した。この哺乳類時計遺伝子の相同遺伝子 *cyc* もショウジョウバエから単離された。さらにタカハシらは、メネカー（Michael

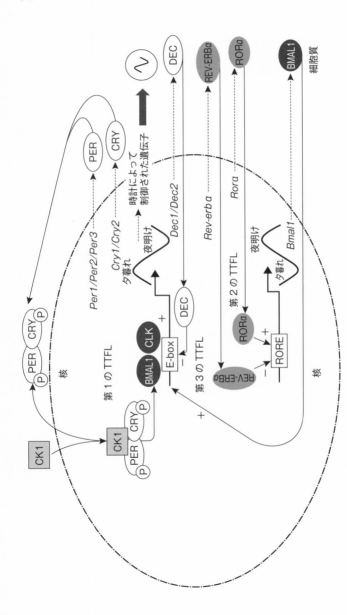

図14 現在考えられているマウス体内時計の分子モデル
ショウジョウバエ（図13）と同じように、3つの転写・翻訳フィードバックループ（TTFL）があって、様々な構成要素と作用し合っている。

Menaker）とラルフ（Martin Ralph）がハムスターから見出した時計遺伝子 *tau* のクローン化にも成功した。この遺伝子は *Casein Kinase 1e*（*CK1e*）であり、ショウジョウバエ DBT の相同遺伝子であることもわかる。DBT も CK1 も PER と相互作用し、そのレベルを下げる。**図14** に示したように、マウスの体内時計分子機構の理解が上述した発見により解明された。

CLOCK（CLK）と Brain and muscle arnt-like1（BMAL1）が複合体をつくり、哺乳類の体内時計を動かす。ショウジョウバエでの相同遺伝子は *jrk* と *cyc*（BMAL1）にあたる。

Bmal1 遺伝子はリズミック（24時間周期）に発現するが、CLK は常に一定量つくられる。CLK-BMAL1 複合体は E-box に結合し、*per1〜3* 遺伝子や *Cry1*、*Cry2* 遺伝子の転写を促進する。しかしショウジョウバエとは異なり、哺乳類 CRY タンパク質は光により分解されず、位相調節には関与しない。代わりに CRY は PER1〜3 と結合する。PER と CRY は複合体をつくるが、ときには PER と PER 同士の複合体もつくる。PER は CK1 や他のキナーゼによりリン酸化され、分解への道へ入る。CRY は PER-CK1 複合体に結合すると、細胞質での PER のリン酸化と分解を抑える。

CRY-PER-CK1 複合体中の PER が他のキナーゼによりリン酸化されると、この複合体は核へ移行し CLK-BMAL1 が起こす *per* や *cry* の転写を抑制する。これが**図14** での転写・翻訳フィードバックループを抑制する主経路である。この CRY-PER-CK1 複合体は日中上昇し、夕方にピークを示し、次の日の朝方まで減少していく。核内での CRY-PER-CK1 複合体の安定性と CLK-BMAL1 による転写活性化のバランスにより、体内時計の周期が決定される。

　CK1や他のキナーゼはPERをリン酸化し分解に導く。一方F-box protein（FBXL3）はCRYをターゲットにして分解させる。このようにして朝方の直前にはCRYとPERが最低レベルになる。朝の光は*Per1*、*Per2*の転写を活性化し、この刺激が朝と夜の分子時計をリセットさせる。しかしながらCRYに関しては謎が多い。それは哺乳類体内時計では負のネガティブ因子として働くのに、ショウジョウバエでは光の入力系に働くからである。

　連動する第2の転写・翻訳フィードバックループは、BMAL1の活性化と抑制化に関わる。核内受容体ROR*α*（RAR-related orphan receptor *α*）が活性化に、REV-ERB*α*が*Bmal1*遺伝子プロモーターにあるRORシス配列を介して転写の抑制に関わる。なんとこの*Rorα*と*Rev-erbα*両遺伝子もE-boxをもっており、CLK-BMAL1によるリズミックな転写制御を受ける。ROR*α*発現のピークは朝方に、REV-ERB*α*のピークは夕方にくるために、BMAL1発現は夜高くなり始め、朝にピークを迎える。そして昼間は低くなり、夕方前に最低となる。このようにしてBMAL1発現のリズムはCRYやPERとまったくの逆位相となる。

　哺乳類*Dec1*、*Dec2*遺伝子はショウジョウバエ時計遺伝子*cwo*の相同遺伝子である。DEC1、DEC2は第3の転写・翻訳フィードバックループに関与しCLK-BMAL1の転写を抑制するばかりか、CRY-PER-CK1による抑制をも手助けする。最終的にはショウジョウバエ同様、プロモーターにE-boxをもつ多くの時計制御遺伝子のリズム発現を制御し、生理機能や行動に関わる。しかし、時計制御遺伝子でもE-boxをもたないものが多く存在し、これらについては謎が残されている。

　図14では、SCN神経内の光感受性網膜神経節細胞（pRGC）の説明はされていない。体内時計の同調はたいへん遅く、前進また

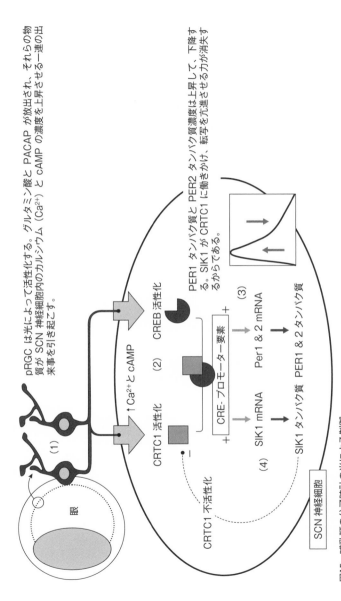

pRGC は光によって活性化する。グルタミン酸と PACAP が放出され、それらの物質が SCN 神経細胞内のカルシウム（Ca²⁺）と cAMP の濃度を上昇させる一連の出来事を引き起こす。

PER1 タンパク質と PER2 タンパク質濃度は上昇して、下降する。SIK1 が CRTC1 に働きかけ、転写を亢進させる力が消失するからである。

図15　哺乳類の分子時計の光による制御
pRGC は光によって活性化し、グルタミン酸と下垂体アデニル酸シクラーゼ活性化ペプチド（PACAP）を放出する。

は後退した時計が環境に順応するのに時間を要する。例えば哺乳類であるヒトの場合、時差ぼけの修正において1日1時間くらいの補正しかできない。分子レベルでも光の *per* 遺伝子誘導はごく限られたものである。光照射1時間後に *per* mRNA が上昇するが、すぐに元に戻る。オックスフォード大学の研究者たちは、光による同調に関する新たな知見をもたらした。これは複雑であるが、**図 15** に示し、そのステップは次のようである。

①光は pRGC により受容され、グルタミン酸や PCAP と呼ばれる神経伝達物質として放出される。この物質が腹側 SCN の神経終末へ刺激を送る。この刺激により SCN 神経の中で Ca^{2+} や cAMP 濃度が上昇する。Ca^{2+} レベルは SCN の細胞外から取り込まれ上昇したり、細胞内の貯蔵庫からも汲み出される。

②上昇した Ca^{2+} と cAMP により2つのタンパク質 CREB と CRTC1 が活性化され、*Per1*、*Per2* や *Sik1* 遺伝子上流の CRE 配列に結合する。

③CRE 配列への結合により PER1 や PER2 の mRNA そしてタンパク質が活性化される。このようにして PER1 や PER2 タンパク質の変動により朝方には体内時計の前進、夕方には後退を引き起こす。しかし、動物が光にさらされ続けても PER の mRNA やタンパク質のレベルはすぐに元に戻る。その結果、光刺激による同調は限定的なものになり、完全な同調までには何日間も光刺激を繰り返す必要がある。この現象は我々がなぜ時差ぼけを起こすのかを説明する。体内時計は新しい明暗サイクルにすぐには同調できず、その理由は光の影響がすぐに終わってしまうため（ブレーキ現象）である。

④このブレーキ現象を説明するのが SIK1 タンパク質である。SIK1 は CRTC1 をリン酸化し不活化する。このことでプロモーター上の CRE シス配列からの CREB と CRTC1 の共転写を抑制する。このネガティブフィードバックによって *Per1* や *Per2* の転写翻訳が抑制されるため光の効果は限定的になる。*Sik1* の mRNA やタンパク質のレベルは PER1 や PER2 より遅く低下する。このシステムにより体内時計の同調には数時間を要する。事実 SIK1 を抑制したマウスを用いると非常に早く同調される。

　このように光の SCN に対する効果が限定的であるため、本来必要でない時間帯の光刺激に対しても動物の時計は守られている。さらに、同じ理由で、すぐには新しい環境の位相には同調しない。しかし、その過程で末梢時計と SCN の脱同調が起こることはしばしばある。

　図13 と **図14** に、現在明らかにされている、ショウジョウバエとマウスの体内時計の分子機構をまとめた。しかし今後、これに関わる多くの遺伝子やタンパク質が明らかにされるだろう。さらに時計遺伝子の DNA 構造とそれを制御するクロマチン構造を考えると、ここに描かれたスキームよりもっともっと複雑になるであろう。

　哺乳類細胞のもつ DNA の糸を引き伸ばすと 2m にもなる。この生命の糸が、ヒストンタンパク質の力を借りて小さく折りたたまれている。DNA がヒストンと関連するタンパク質により、折りたたまれた構造をクロマチンと呼ぶ。前に **図14** と **図15** で説明したリズミックな転写は、このようなクロマチン構造のダイナミックな変化をともなっている。これらは単に時計遺伝子のス

イッチがオンオフされるような単純な制御ではなく、昼と夜で時計遺伝子周辺のクロマチン構造がダイナミックに変化するのである。このようなローカルなクロマチン構造が凝縮されればされるほど転写が抑制される。このようなクロマチン構造変化は、ヒストンタンパク質のアセチル化により時計遺伝子や時計制御遺伝子の転写活性化が起き、逆にヒストンタンパク質のメチル化により抑制される。

　ヒストンのアセチル化とメチル化はエピジェネティクスの肝である。外界の環境による遺伝子発現変化とそれにともなう生理的変化はエピジェネティクスと呼ばれ、この現象が遺伝するかどうかは今のところ不明である。体内時計をエピジェネティックな観点からみれば、多くの可能性が開けてくる。我々が年を取れば体内時計が老化し、この影響が睡眠にも及んでくる。おそらく我々が年老いたときの睡眠は、我々の若いときに経験したリズムの乱れを反映するのである。

　この章では主にショウジョウバエとマウスの体内時計を議論した。フェルドマン（Jerry Feldmam）とダンラップ（Jay Dunlap）がカビ（*N. Crassu*）の体内時計を、ケイ（Steve Kay）が植物（*Arabidopsis thaliana*）の時計、近藤孝男、ゴールデン（Susan Golden）とジョンソン（Carl Johnson）がシアノバクテリアの時計を精力的に研究してきた。しかしカビや植物やシアノバクテリアではそれぞれ配列の違う時計遺伝子をもつことから考えて、地球上の生物の体内時計遺伝子の進化はそれぞれの生物で個別に起きたとも考えられる。このような遺伝子配列の違いはあっても、基本的には遺伝子の転写・翻訳フィードバックループを基本にしている。第9章では、ここで説明した転写・翻訳フィードバックループとは異なる分子時計を紹介する。

睡　　眠
―最もわかりやすい24時間のリズム―

　睡眠と覚醒のサイクルは、最もわかりやすい24時間のリズム行動である。科学的にみて最も長く眠らなかった人の記録は264.4時間（11日と24分）とされている。この17歳の青年は集中力や短期記憶が悪くなり、偏執的になり幻覚症状がみられた。多くの人は1日の徹夜でこのようになり始め、3日も寝なければこれらの症状がみられる。

　我々は一生の36％を寝て過ごし、その間飲み食いせず、生殖行為も行えない。この間に相当重要な出来事が起こっているのは容易に想像できる。なぜならもし我々が断眠を経験すると、その後の睡眠欲求が非常に高まるからである。

　多くの研究者は、睡眠のもつ包括的で深遠な生物学的役割を求めたがる。しかしそのような単純な説明はないし、種によってまた違った一生の中で、あるときは敵を避けるため、あるときはエネルギーを浪費しないために眠る。また、他の研究者は適応的な理由ではなく、まだ見つかっていない真の理由による副産物とし

て眠ると考える。

　他の考え方として、この問題を2つの問いに分けることもできる。1）なぜ生命は活動期と非活動期の24時間周期をもって進化してきたのか。2）睡眠の間に体の中で起きている大事な出来事は何なのか。

　すべての生命が24時間周期の活動期と非活動期を示す理由は、光、温度、食べ物等が24時間周期で回る惑星に我々が住んでいるためである。昼行性と夜行性の生物はそれぞれ異なる時間帯で最高のパフォーマンスを示すように進化してきた。昼夜サイクルの昼に行動を起こすように進化を運命づけられたのが昼行性の生物である。その反対に夜に活動するように定められたのが夜行性生物である。このことで生物は24時間周期の決まった時間に活躍するスペシャリストに進化してきた。つまり24時間同じように活動できる種は存在しないので、物理的な場所の住み分けと同じような、種特異的な時間の住み分けがあるのである。誤った時間帯に活動することは、その種にとって死をともなうことを意味する。

　活動期と非活動期、この2つの違う状態で何が起こっているのだろう。睡眠時には生理活動が止まっているように思うかもしれないが、実は違っている。多くの回復や再構成に関わるステップが睡眠中に起きている。主要な代謝や神経伝達物質の補充等の多くの出来事が睡眠中に起こる。また、副産物である毒素の分解と除去も睡眠中に行われる。ヒトやその他の複雑な脳をもつ動物では、昼に得た情報が再構成され新しい記憶やアイデアが構築される。事実"問題を寝かせておけ"という言葉通りに、我々の脳は寝ている間に問題を解決する。

　睡眠中には、覚醒時にはみられない生体維持に重要で必須な機

能を示す。しかしこれらの機能はそもそも睡眠がなぜ進化したか
を説明はしない。生物学的には活動／非活動サイクルの結果と言
える。その生物にとって最も適切な時間に活動するように進化し
てきた。例えば記憶は活動したあと睡眠中に起きるが、これは昼
間の新しい出来事の観察や情報処理に忙しい時間帯を避けている
わけである。同様に毒素は昼の代謝活動の激しいときに生産され
るので、毒素の除去や新しい代謝の前駆体の産生は夜に行われる。

　我々はなぜ1日平均8時間も寝るのか、また別の種では19時
間、また別の種では2時間ですむのかその理由を知らないが、こ
れは複雑な要素がからんでいる。生存と繁栄のために、我々はバ
ランスのよい食事を摂り、敵や感染源や危険を避けながら繁殖し
なければならない。いったん新しく進化した生物に活動／非活動
のリズムが取り入れられれば、あらゆる生命維持に必要なプロセ
スが1日の中の適当な時間に配される。このような生命維持活動
の配置が睡眠を進化させてきた。このようにしていくつかの無関
係な生理現象が24時間リズムの非活動期に位置づけされ、多く
の生物にみられる睡眠という非活動期を進化させたと考えられる。

　睡眠とは24時間で自転する地球において光、温度、食べ物の
24時間変化に適応して進化してきた機構と考えられる。つまり、
その種が動き回っても適応できない時間帯に活動をやめ、生命維
持のための代謝生理を整える時期をこの時間帯に使っているわけ
である。

　1982年にチューリッヒ大学のボルベーリー（Alexander
Borbély）は睡眠を理解するための「2段階プロセスモデル」を提
唱した（**図16**）。覚醒中に上昇してくる眠気をホメオスタティッ
クに制御するプロセス（S：homeostatic process）と体内時計に
より制御される覚醒・睡眠のプロセス（C：circadian process）の

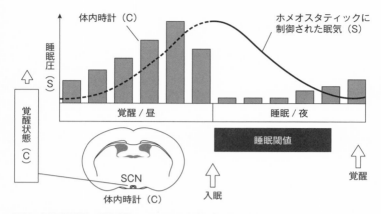

図16　昼行性動物の睡眠制御における2段階プロセスモデル
　視交叉上核から発信される24時間周期の信号（C：グレーの棒）と、ホメオスタティックに制御された眠気（S：破線）の相互作用によって、睡眠のタイミング、長さ、構造などが決まる。

2つに分けて考え、この2プロセスの相互作用で睡眠が決まっているとする。

　図16のように、ヒトの睡眠欲求は覚醒中に上昇し、睡眠中に下降する。一方、体内時計（C）は睡眠覚醒を司る神経系に活動期と非活動期を教える。昼間の睡眠欲求が上昇するときに、体内時計に依存した覚醒欲求は逆に上昇する。しかし夜が近づいてくると、この体内時計に依存した覚醒欲求は下降する。このようにしてプロセスCとプロセスSの睡眠欲求が同時に働くと睡眠が始まるわけである。このような2つのプロセスの相互作用を"睡眠閾値"（sleep gate）と呼ぶ。睡眠閾値中の睡眠欲求は夜のはじめに最も高くなり、プロセスSが減るにつれて低くなる。夜明けが近づけばプロセスCの覚醒度が増してきて眼を覚ますわけである。もちろん人間の睡眠は目覚まし時計のような社会的要因に大きく影響される。しかしながら、これらの社会的要因を取り

去っても、このプロセスSとプロセスCのバランスにより睡眠・覚醒のサイクルは続く。この2段階モデルは体内時計中枢（SCN）を破壊したラットの実験から示された。このラットでは比較的短い時間の睡眠・覚醒サイクルがみられた。最も重要な点は、このラットを優しく手で触れて覚醒させたところ（断眠実験）、次の日により長い間寝てしまった事実である。この事実は、時計中枢がなくても恒常的プロセスCがみられたことを示す。

　いくつかの化学物質が睡眠を誘発することが知られている。このような物質は覚醒中に上昇し、睡眠することで減る。アデノシンはそのような睡眠物質の候補である。アデノシンは細胞の通貨として有名なATPの分解産物であり、アデノシンの蓄積は活動の結果である。断眠させたり、覚醒中にこの物質は上昇する。さらにおもしろいことには、自由行動下のラットにカニューレでアデノシンを脳内注入すると睡眠に関わる神経細胞が活発化し、この反応はアデノシンA2受容体欠失のラットではみられなかったという事実である。カフェインはこのA2受容体に結合し眠気を抑え、アデノシン以外ではプロスタグランディンが睡眠を引き起こす（訳注：日本の早石修博士の先駆的研究による）と考えられる。

　2段階モデルはこのように体内時計とホメオスタティックな睡眠の相互関係を理解するのにたいへんよいモデルである。しかしながら現実には睡眠はもっと複雑な過程である。ヒトに限らず他の動物でも睡眠は二相性もしくは多相性であり、短い覚醒で分断される。どのようにしてこの分断が起こるかは解明されておらず、図16のモデルにはこの分断は考慮されていない。

　このような2段階プロセスモデルとは別に、睡眠・覚醒の過程は、脳内で神経間回路や神経伝達物質、ホルモンのレベルで非常に複雑な作用が起こる。これらのシステムは電気回路でいう「フ

リップフロップスイッチ」によく似ている。種によって異なるが、秒や分のオーダーで状態が変化する。もしこの中間の状態を動物に強いれば、生存に不利になる。睡眠・覚醒に関わる脳内構造と神経伝達物質を図 17 にまとめた。

　覚醒時には、外側視床下部にあるオレキシン神経が後脳や中脳にあるモノアミン神経を刺激し、ヒスタミン、ドーパミン、ノルアドレナリン、セロトニンを分泌する。さらに後脳にあるコリナージック神経はアセチルコリンやグルタミン酸を分泌する（図 17）。これらの神経伝達物質は協働して大脳皮質の覚醒度を上昇させる。図 17 で点線で示したように、モノアミン神経は腹外側視索前野（VLPO）に投射し、腹外側視索前野を抑制する。睡眠時には逆にこの腹外側視索前野からガンマアミノ酪酸（GABA）やガラニンを分泌して、外側視床下部のオレキシン神経を阻害し、モノアミン性、コリン性、グルタミン性の神経の覚醒の働きを抑える。さらに睡眠中は離れた皮質中の GABA 神経から抑制性神経伝達物質 GABA が分泌される。このような GABA 神経の活性化は睡眠のホメオスタシスによる活性化と呼応している。

　哺乳類における睡眠は REM（rapid eye movement）睡眠と NREM（non-rapid eye movement）睡眠の 2 つがある。NREM 睡眠と REM 睡眠は約 70〜90 分の周期で繰り返し、中脳と後脳の相互作用で起こる（図 17）。REM 睡眠中にはモノアミン系神経は抑制されているが、コリン系神経は活性化している（図 17）。これら REM 活性化神経は脊髄に投射し筋肉を弛緩させる。

　睡眠時には SCN 神経にあるメラトニン受容体が夜のメラトニンを感受し、眼から入る光同調の感受性を強化させる。そして現在このようにメラトニンの睡眠に対する作用は明確になっていないが、「睡眠ホルモン」という誤解が多い呼び方をされている。

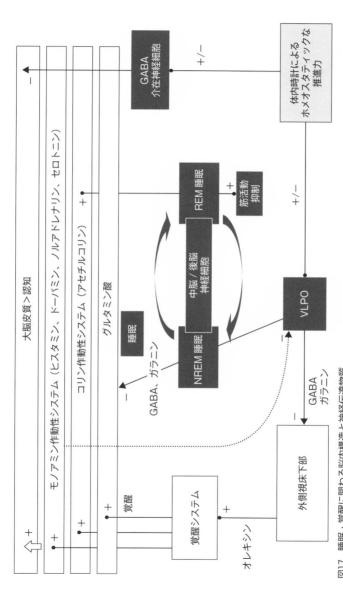

図17　睡眠・覚醒に関わる脳内構造と神経伝達物質

睡眠・覚醒状態は、興奮回路と抑制回路からの相互入力によって決まる。電子回路によくある「フリップフロップスイッチ」に似ている。

　メラトニンは主に松果体で合成される。もちろん眼やその他の組織でもある程度はつくられる。松果体でのメラトニン分泌は、体内時計中枢 SCN に厳密に制御されており、夕方に上昇し始め夜中の 2〜3 時頃ピークに達し、夜明けには減少する。眼から光が入るとメラトニン合成は急激に阻害される。その結果メラトニンは暗期のマーカーとなり、日長の測定に使われ四季の生理的変化のマーカーとなる（第 8 章）。

　メラトニンは昼行性哺乳類では睡眠中につくられるが、夜行性のラットやハムスターでは、彼らの活動期である夜につくられる。ヒトの睡眠時間帯とメラトニン合成の時間帯はよく重なるが、これは相関関係であって睡眠の原因ではないであろう。事実メラトニン合成に欠損がある人々（四肢麻痺、ベーターブロッカー服用者、松果体除去者）でも少しの違いはあっても明瞭な 24 時間の睡眠覚醒リズムがみられたからである。

　もう 1 つの相関関係は、メラトニンと睡眠中の警戒心の間にある。メラトニンが夜に浴びる光で抑制されると警戒心が増すため、この 2 つに因果関係があるかもしれない。しかし、警戒心の上昇は血中メラトニンが急激に下降する直前にだけみられる。さらに昼間でも光の上昇が警戒心を上げるが、このときメラトニン濃度は低いままである。これらの実験事実からメラトニンは睡眠時の警戒心上昇の直接の仲介物質ではないと考えられる。

　合成されたメラトニンやその類似化合物をヒトが昼間に経口摂取すると、約 70％のヒトにマイルドな眠気を起こす。しかし、メラトニンが起こす、緩やかな鎮静作用についての作用機構は未解明である。このようなメラトニンのもつ入眠しやすくする効果や、体内時計同調作用は、時差ぼけのような体内時計の狂いを調節するサプリメントとして有用視されている。しかし我々の現代の 24

時間社会において、睡眠には多くの要因が関わっている。それら
は子ども、ペット、騒音、光、寒暖差、痛み、パートナーのいび
き、クロノタイプ、働く時間、環境、温度、薬、いつ食べるか、運
動、メディア等々の要因である。これらの多くの要因は個人のレ
ベルで対処できる。たとえば遮光カーテン、アイマスク、耳栓、
ベッド用靴下、テレビ、コンピュータ、スマホ、ペットを寝室か
ら出す、少々のお酒、昼の運動、早くベッドへ行く等である。

　しかしなかなか手に負えない問題もある。子どもができたばか
りの両親の睡眠がその例である。赤ん坊が 24 時間の昼夜サイク
ルに適応するために数か月を要し、子どもの生活時間が親に近づ
くにはさらに数年を要する。大家族で生活している時代にはみん
なでシェアできたが、核家族の現代では、両親、特に母親への負
担は尋常ではない。また、入眠や睡眠に関わるいくつかの遺伝子
が同定されている。もしあなたのパートナーが短眠者や長時間睡
眠者であったり、遅くに寝る早起きタイプだったら、その影響は
計り知れず、ときには離婚に発展する。これらクロノタイプの違
いは、薬やアルコールの中毒性にも影響する（第 3 章参照）。これ
らの睡眠の問題は簡単に解決できるものではない。しかし睡眠の
重要性や必要性に気づけば、すべての現代生活の QOL を上げら
れることは間違いないのである。

Chapter

7

体内時計と代謝

Circadian rhythms and metabolism

　生命は非平衡状態を維持するために常に戦っている。生命は常に環境からエネルギーを得、そして自らの代謝にそれを使うのが宿命である。植物は太陽の光子からエネルギーをもらうし、マリアナ海溝のシレナ海淵に住むバクテリアは岩と海水の起こす化学反応でできる物質をエネルギーとして用いる。我々もまた他の動物や植物や菌類を食べて生きている。このような恒常的な物質循環が生命の源であり、もしこれが途絶えると生命は死んでしまう。

　動物の食行動は食べ物の豊富さや、満腹度、社会的要因、特に体内時計に左右される。体内時計は有機代謝物の合成と分解に重要な役割をもっている。動物のエネルギーの取り込みと消費は睡眠・覚醒リズムや、絶食・食事のサイクルに依存するし、そのタイミングは昼行性か夜行性かで大きく異なる。その動物の活動期には、食べることで炭水化物、脂質やアミノ酸を取り込む。哺乳類において、これらの物質は体内に貯蔵されたり、すぐに使われたりする。肝臓に貯蔵されたグリコーゲンや脂肪は最終的にグル

コースに代謝され、活動・休息の間に主要なエネルギーとして使われる。血中グルコースの主要な代謝経路を図18に示した。

　血液中グルコース濃度が下がる（低血糖）と、すい臓のα細胞からグルカゴンが分泌される。グルカゴンは肝臓のグリコーゲンを分解しグルコースとして血中に放出する。さらにアミノ酸や中性脂肪をグルコースへと変換する（糖新生）。グルカゴンは脂肪細胞中の中性脂肪を遊離脂肪酸に分解し、これが肝臓でグルコースへ変換される。このようにして血中グルコース濃度を上昇させる。一方、血中グルコース濃度が上がる（高血糖）と、すい臓β細胞よりインスリンが分泌される。インスリンは糖と脂肪の調節に役立つ。インスリンは筋肉のような代謝的に活発な組織にグルコースを取り込ませる。インスリンは肝臓ではグルコースをグリコーゲンに変え貯蔵するし、脂肪組織では脂肪を遊離脂肪酸に変えるのを抑制するばかりか、遊離脂肪酸から脂肪への合成を促進する。このようにして血中のグルコースが低下する。

　図18に示したエネルギー代謝の体内時計制御は、グルコース血中濃度の制御が主であるが、SCNばかりか、肝臓、すい臓、筋、白色脂肪細胞等の末梢時計を含む階層的な構造からなる。SCNはグルコースの産生、取り込み、インスリンの分泌、感受性を含む糖代謝の中枢である。インスリンは肝臓におけるグルコース産生を抑制し、インスリン感受性の組織である骨格筋や脂肪組織でのグルコース取り込みを上昇させる。しかしそれはなかなか複雑である。例えばヒトの骨格筋は朝方に多くのグルコースを消費し、このリズムはちょうどインスリン産生と、インスリン感受性やインスリン依存のグルコース取り込みリズムの合わさった結果に他ならない。

　図18にも示したように、グルコース濃度の制御にはいくつか

96

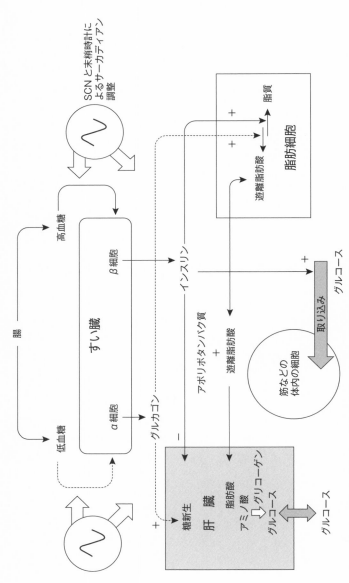

図18 グルコース代謝における主要な相互作用。低血糖と高血糖に関わる反応。グルカゴンとインスリンの分泌・作用を果たし、グルカゴンとインスリンの分泌・作用を全面的に制御している。体内時計は欠かすことのできない重要な機能を果たし、グルカゴンとインスリンの分泌・作用を全面的に制御している。

のホルモンが関与している。副腎髄質から出るアドレナリン／エピネフリンは糖新生を促しインスリンの作用を抑える。同様に下垂体前葉から出る副腎皮質刺激ホルモン（ACTH）も副腎皮質からコルチゾール／グルココルチコイドを分泌させ糖新生を促しインスリンの作用を抑制する。下垂体前葉から夜に分泌される成長ホルモンもインスリン作用を抑える。甲状腺から出されるチロキシンはグリコーゲンからグルコース産生を促進し、小腸からの糖の吸収を促す。

　1型糖尿病はインスリン産生の欠乏から起こり、2型糖尿病は体内でのインスリン感受性の低下（インスリン抵抗性）により起きる。両方の糖尿病はともに、血中のグルコースが多く残っている状態であり（高血糖）、両型とも耐糖能が低下している。

　グルコースは生命のエネルギーの源であり、24時間の間、血中グルコース濃度が適切に保たれることは健康な生理機能のために必須である。特にこのことは脳において重要である。なぜなら脳はグルコースを産生できないし、保持することもできないからである。ヒトの脳は体重の2％しか占めていないが、からだ全体の20％のグルコースを消費し、夜でも活動している。

　血中グルコース濃度調節に関わるすべての経路は、直接的または間接的に体内時計の制御を受けている。ここで言う体内時計はSCNばかりか、肝臓や脂肪組織を含むすべての臓器に存在する。肝臓や脂肪組織は、SCNから交感神経や副交感神経の支配を受けている。消化機能もまた体内時計に制御されている。例えばヒトでは唾液産生にリズムがあり昼高く夜低い。胃では朝方のほうが早く空になり夕方は遅く、腸の動きも夕方より昼間のほうがよい。一方で、食前の胃酸の分泌は夕方のほうが朝より高い。

　最近の研究からいつ食事を摂るかが体内時計に重要な影響を与

えることが明らかとなった。例えば、夜行性のマウスに高脂肪食を昼間与えると多くの代謝が狂ってしまう。このマウスは夜に高脂肪食を与えた群に比べて肥満するばかりか耐糖能も異常になった（血中グルコース濃度上昇）。制限給餌実験も、もう１つの重要な知見をもたらした。マウスやラットに昼間のみに食事を与えたところ、肝臓、心臓、骨格筋、脂肪での体内時計遺伝子発現の位相がずれてしまったが、SCN での時計遺伝子発現の位相は影響を受けなかった。つまり本来マウスが食べない時間帯に給餌したことで"内的脱同調"を起こしたわけである。内的脱同調とは脳内中枢時計 SCN と末梢臓器時計、もしくは肝臓、脂肪組織、筋のそれぞれの体内時計同士の同調が取れなくなった状態のことである。

　食事の量や質に加えて、食事をいつ摂るかによって個人の健康に大きな差が出ることがわかり、時間栄養学という新しい学問ができ始めた。例えば健康な人の耐糖能は、朝から夕方にかけて徐々に落ちる。これはグルコースは我々の体内では朝のほうが夕方より早く使われることを意味する。健常者に朝８時と夜８時に同じ食事を摂らせた場合、血中グルコース濃度上昇が夜 17% も高かった。夜の耐糖能は低いわけである。次にある研究者は夜勤の実験を行った。たった３日間の夜勤により、夜の耐糖能が悪くなり、インスリン抵抗性の傾向がみられた。これらの事実から体内時計を無視した食事が耐糖能を狂わせ、同じような機構でシフトワーカーの糖尿病のリスク上昇が説明できると考えている。

　このような環境変化、すなわちいつ食事をするかによって体内グルコース濃度のホメオスタティックな調整が行われており、これはエネルギーの必要なときの体内時計の調節に依存している。活動期（食事時）には血中グルコースは食事から得るが、睡眠時

（絶食時）には肝臓からの糖新生でそれをまかなっている。肝臓におけるグリコーゲンの日内変動は、24 時間の活動 / 休息サイクルの需要に応じて変動し、血中グルコースを供給するわけである。

　視床下部は、食行動やエネルギーの出し入れ、グルコースや脂質代謝、体温調節の生理的コントロールの脳内中枢であり、これらの生理現象はすべて体内時計に制御されている（図 19）。

　眼に存在する網膜神経節細胞（pRGC）は光を感受し、網膜視床下部路を介して情報を SCN に伝える。SCN はこの情報を脳内の他の領域や末梢時計へ、行動やホルモンや神経を介して伝える。逆に末梢からのシグナルは、フィードバックで SCN や他の脳領域へ情報を与える。SCN を破壊すると、血中グルコース、インスリン、貯蔵グリコーゲン等の代謝産物のリズムがなくなることから、その重要性が示唆された。SCN は視床下部の多くの重要な神経核、弓状核、内側視床下部、外側視床下部、背内側視床下部、室傍核と連絡している。中でも SCN と弓状核の連結は重要である。弓状核は SCN から時刻情報を、SCN は弓状核から代謝の情報を得る。弓状核中のセンサーがグルコースや脂質、レプチン、インスリン、甲状腺ホルモン、小腸、すい臓、胃、小腸、脂肪組織の腺細胞から分泌されるグレリンを感知する。昼行性や夜行性の種に関わらず、起床する前にグルコース産生とグルコースの体内濃度と消費は上昇する。このように体内でのグルコース産生と消費は活動期が始まる前に上昇し、明瞭なサーカディアンリズムを示す。

　SCN は昼、夜行性動物を問わず、夜のメラトニン分泌を弓状核を介して支配している。光情報は弓状核で自律神経系を介して脊髄にある中間質外側柱（IML）に投射し、上頸神経節を介して松果体まで送られる。メラトニンはげっ歯類の代謝では非常に重要

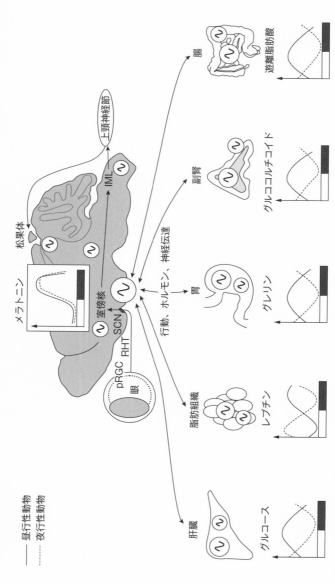

図19 昼行性動物（破線）・夜行性動物（実線）における体内時計とホルモンと代謝のリズムとの関係（Kalsbeek らの文献を参考に作成）

で、松果体を破壊したネズミでは、血しょう中グルコースの24時間リズム消失、グルコース依存インスリン分泌消失、グルコース耐性の異常、脂肪細胞のインスリン応答性の消失がみられる。

　肝臓はグルコースの主要な貯蔵庫であり、自律神経を介してSCNと連結している。もしSCNから自律神経への連絡が壊されると、グルコース代謝の日内リズムが失われるので、SCNはグルコース代謝に重要な中枢となっている。SCNなしでは肝臓細胞個々のリズム同調が失われ、リズム性を示さない。SCNは直接自律神経系と連結しているのではなく、室傍核を介して脳幹や脊髄の中にある交感神経や副交感神経を制御しているのである。室傍核を刺激すると、肝臓へ入る交感神経が活性化され高血糖になる。

　もう1つのSCNのターゲットは外側視床下部である。外側視床下部は睡眠・覚醒ばかりか、食行動やエネルギー代謝にも関わるオレキシン神経で占められている（第6章）。オレキシン神経は明瞭な昼夜リズムを示し、昼夜行性を問わず覚醒時にピークを示す。SCNに制御されたオレキシン神経は睡眠の終わりに活性化され、覚醒を引き起こし、肝臓の糖新生も引き起こす。上昇したグルコースは心拍数や体温を上げ、筋肉でのグルコース取り込みを促進する。

　末梢から脳へのホルモン刺激は、エネルギー要求性を調節する。白色脂肪細胞から分泌されるレプチンはたくさんのターゲットをもつが、中でも弓状核への作用が重要である。特に満腹や空腹の感覚を引き起こして、エネルギーバランスを調節する上で重要である。弓状核のNPY産生神経は食欲を増進させるが、一方で弓状核神経が出すPOMC由来ペプチドや、α-MSHは食欲を後退させる。また、レプチンはNPY神経を抑制することで食欲を減退させる。

　レプチンの24時間リズムもまたSCNから自律神経刺激を介して脂肪組織から分泌される。レプチンのもつ食欲減退作用は、胃から分泌されるグレリンにより打ち消される。グレリンは弓状核の神経を刺激し、室傍核からのNPY分泌を刺激し食欲を増強する。血液中のグレリンは食事のサイクルに影響されるが、体内時計にもコントロールされている。例えば、夜行性のげっ歯類では食事前の予知行動と呼応して、グレリンは非活動期（昼）の終わりに血中で上昇する。グレリンは中枢のSCNにフィードバックをかけ時計遺伝子発現を変え、胃と中枢のコミュニケーションを起こすホルモンでもある。また、室傍核は代謝のホメオスタシスに非常に重要なものである。SCNからの液性や神経性のシグナルを受け取った室傍核は、副腎皮質刺激ホルモン放出ホルモン（CRH）を分泌し、下垂体前葉から副腎皮質ホルモンをリズミックに放出させ、その結果、副腎からのグルココルチコイド産生を促す。

　グルココルチコイドはエネルギー代謝に重要な役割を果たす。多すぎると高血糖、高血圧、睡眠阻害、体重増加やその他代謝異常を引き起こす。また、グルココルチコイドは肝臓での糖新生を起こす。さらに、肝臓や腎臓において時計遺伝子発現に影響を及ぼすかもしれない。夜行性げっ歯類において、血しょう中グルココルチコイドは活動期に上昇する。睡眠や体内時計を壊すと、ストレスがグルココルチコイドを上昇させ、本来のグルココルチコイドのリズムをマスクしてしまう。夜行性動物においては光刺激は交感神経系を介し急激にグルココルチコイドを上昇させるが、この作用はSCNを介さずACTH分泌を必要としない。

　グルコース同様、脂質代謝も明瞭なサーカディアンリズムを示し、睡眠・覚醒や満腹・空腹のサイクルと同調したエネルギー需

要に呼応している。エネルギー産生のための脂質合成、移動、分解はすべてサーカディアンリズムを示し、お互いが同期している。脂質の中でも中性脂肪とコレステロールは血液の中へ循環しづらいので、アポリポタンパク質として輸送される。夜行性のラットやマウスでは、血中中性脂肪とコレステロールは夜間上昇するが、これはアポリポタンパク質のサーカディアンリズムによっている。消化管は脂質を活動期に吸収し、休息期にはあまり働かない。小腸の表皮細胞は時計遺伝子の明確なリズムを示し、このリズムはSCN からの信号と食べ物の両方に依存している。小腸内の時計遺伝子リズムは、脂質吸収に関わるタンパク質、アポリポタンパク質やノクターニンのリズム発現を支配している。

　グルコースのときと同じように、SCN が自律神経系を介して脂質代謝の日内リズムをコントロールしている。脂肪組織はSCN から交感神経と副交感神経を介して神経投射により支配されている。交感神経系の刺激は脂質の分解、つまりトリグリセリドをグリセロールと脂肪酸へ分解することを促し、逆に副交感神経刺激は脂質の合成、すなわちインスリン依存性のグルコースや脂肪酸の脂肪組織への取り込みを促進する。

　SCN や視床下部、そしてそこから出るホルモンとサーカディアンリズムに関わるシグナル分子の関係は、各細胞内では鏡像関係にある。哺乳類の肝臓、骨格筋、すい臓、心臓、褐色脂肪細胞、白色脂肪細胞においてサーカディアンリズムを示す遺伝子が多く同定された。これらは組織によって5〜20％存在していた。違う組織間で共通のリズム遺伝子は非常に少ないことから、組織・器官に特異的なリズム遺伝子の存在が明らかとなった。これら多くの組織特異的リズム遺伝子は、コレステロールや脂質の代謝、糖質分解や合成、酸化的リン酸化や解毒等の生合成や分解に関わる

ものであった。

　糖や脂質代謝、コレステロールや胆汁酸合成のような代謝に関わる反応と、その細胞内の分子時計は非常に関わりが深い。コア分子時計は BMAL1、CLOCK、PER、CRY などの転写因子、他の転写因子 DBP、DEC2、HLF、TEF 等から構成される（第5章、**図14**）。代謝全体への分子時計の関与を**図20**にまとめた。末梢時計は SCN ばかりでなくインスリンのようなホルモン、グルコースのレベルを変える空腹・満腹状態等にも影響を受ける。代謝に関わる主要な器官である、肝臓、脂肪組織、胃、副腎、小腸ではこれらの環境変化がコア時計分子の位相を変えたり、その出力をも調節する。これら出力系の分子も代謝関連遺伝子の発現を変化させる。例えば DBP は β 細胞にあるインスリン遺伝子の上流に結合し、インスリンの出方を調節する。また、HLF は肝臓での代謝遺伝子発現を調節するし、TEF はサイロイド刺激ホルモンの分泌に関わる。

　代謝のサーカディアンリズム調節に関わる因子としては、肝臓の REV-ERB、ROR、PPAR α 等の転写因子核内受容体ファミリーも重要である。REV-ERB α や ROR は BMAL1 の転写制御に直接関わる。PPAR α は脂肪酸によって制御されるが、そのリズミックな発現は上流に BMAL1、CLOCK が結合することで制御される。またグルココルチコイドによっても調節される。これらの転写制御因子はグルコース、コレステロール中性脂肪に伴って働く代謝制御因子をも動かす。肝臓のそのようなターゲット遺伝子はグルコースをグリコーゲンに変えるグリコーゲン合成酵素、コレステロール代謝の律速酵素 HMG-CoA 還元酵素、胆汁酸合成の律速酵素 CYP7A1、脂肪酸合成に関わる酵素アセチル CoA カルボキシラーゼや脂肪酸合成酵素が含まれる。

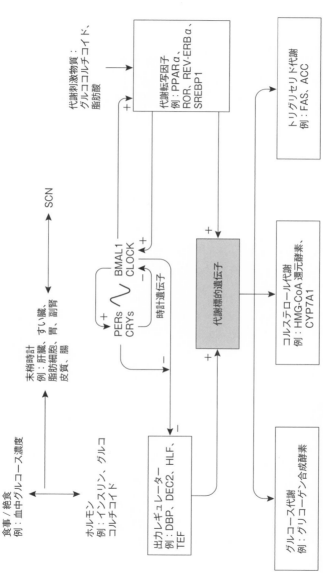

図20　分子時計による代謝経路の転写制御

　このような末梢時計における時計遺伝子と代謝遺伝子の関係は非常に複雑である（インターロッキング・フィードバックループ）。例えば肝臓における CYP7A1 遺伝子の転写制御は、DBP と時計遺伝子産物 DEC2 と核内受容体 PPARα の 3 者により調節される。肝臓でも脂肪組織でも PPARα は REV-ERBα の発現を調節する一方、ROR と REV-ERBα は CLOCK、BMAL1 の発現を制御して脂質代謝を調節する。

　つまり主要な代謝関連臓器中の末梢時計遺伝子産物が代謝を制御する一方で、代謝産物やその信号伝達分子が末梢体内時計をフィードバック的に制御し、その時刻を調整する仕組みである。その一例として脱アセチル化酵素 SIRT1 は肝臓でグルコースや脂質の代謝を制御し、脂肪蓄積を促し、すい臓でのインスリン分泌を制御し、視床下部での栄養センサーを動かし、肥満によって惹起された代謝変化にも影響する。その一方で肝臓の SIRT1 は末梢時計分子 CLOCK/BMAL1 機能に影響し、その結果 PER/CRY の発現も変える。SIRT1 は PER タンパク質の分解を促し、肝臓での発現に必要な CLOCK/BMAL1 の発現にも影響する。マウスにおいては遺伝子工学的に CLOCK/BMAL1 の発現を抑えると、インスリン抵抗性が増大し、インスリンに対する肝臓の感受性が落ち、高血糖となる。CLOCK/BMAL1 は SIRT1 遺伝子のプロモーターに結合しその発現を上昇させ、肝臓のインスリン抵抗性を高めている。事実、サーカディアンリズムの壊れたマウスでは、肝臓での BMAL1 と SIRT1 の発現が減少し、インスリン抵抗性が上昇している。

　ネズミを 24 時間の高脂肪食環境下で飼育すると、非活動期にも食事を摂るようになる。肝臓における REV-ERBα 遺伝子の発現もリズミックでなくなり、脂肪肝になってしまう。元来、SCN

は光により中枢時計を同調させ、睡眠を促進させるシグナルを送り、脂質を睡眠中のエネルギーとして蓄えるよう指示する。一方もう 1 つの同調因子である食事も、脂質を睡眠中ではなく活動中に取り込んでその後の睡眠に備えるように末梢時計に指示する。このような中枢時計と末梢時計の脱同調、中枢と末梢で微妙に異なる時間のシグナルの矛盾こそが、我々の健康を維持するのに非常に重要となる。シフトワーカーや 24 時間高脂肪食を与えられ非活動期にも食事をするマウスの問題は、まさにこの中枢時計SCN と末梢時計とのカップリングがうまく行われていないわけである。非活動期に食事を摂れば、肝臓、脂肪組織、すい臓、筋肉における末梢時計の位相が、中枢時計 SCN との位相と同調しない状態をつくり出す。さらにこれら組織の分子時計は、グルコース、インスリン、グルココルチコイド、出力系因子、代謝転写因子の不適切な時間での暴露により混乱させられる。つまり、サーカディアン・メルトダウンである。

　これまでの研究から、多様な細胞間や細胞内での分子時計と代謝制御の関係が明らかとなった。これらの成果は、主にサーカディアンリズムの壊れた動物を使ってどのように代謝が変化するか、または逆に代謝遺伝子破壊動物で体内時計が変化するかで得られてきた。これら体内時計と代謝リズムの急速な理解の進展は、最近の遺伝子技術の進歩によるものである。特に最近のバイオテクノロジーの進歩、具体的にはマイクロアレイ、蛍光リポーターシステム、トランスジェニック動物、RNA 干渉、大規模遺伝子解析技術の進展が、これらの新しい概念と医学への応用を拡げてくれたことは言うまでもない。

生命の季節時計

　およそ 45 億年前、まだ生まれたばかりで固まりきっていない地球に対して、他の原始惑星が大衝突した。あくまで一説であるが、その衝撃は月ほどの大きさの物質を跳ね飛ばし、地球の地軸は公転面に対して約 23.5° 傾いたという。

　何十億年も前に何が起こったにしても、今の地球には季節がある（図 21 参照）。地軸が 23.5° 傾いていることで、季節によって太陽に向かって傾いている地域が異なるため、北半球でも南半球でも夏は冬よりも気温が高くなる。なぜなら、夏には太陽光がより高角度で地球に向かって振り注ぎ（入射角が大きい）、そして夜よりも昼の時間がかなり長いからである。冬には太陽光はより低角度で降り注ぎ（入射角が小さい）、昼はとても短くなる。赤道地域では 1 年中、日の出から日没までの太陽光が地表面に当たる時間の長さ（日長）はおよそ 12 時間である。赤道から北あるいは南に移動するほど、日長の年変化が大きくなる。赤道では日長は 1 年中変わらないが、緯度が 67° 以上の地域では日長が夏に

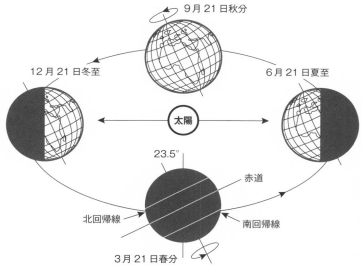

図21　地球の地軸の傾きと季節
　地球の地軸は 23.5° 傾いているので、1 年のうちで太陽に向かって傾いている地域が異なる。これが季節を生み出している。

24 時間となる。緯度 30° までの地域では 1 日の気温が 15℃ を超える日が 10 か月あるのに対し、緯度 48° 以上になるとたった 3 か月である。季節の移り変わりとともに、風速や風向、気温、降水量は変化する。こうした変化によって、動植物が成長と繁殖を開始するのに最適な時期が規定される。

　植物は動けないので、季節の変化から逃げたり身を隠したりできない。したがって、正しいタイミングで、出芽、開花、休眠など重要な数多くの過程が季節に合わせて起こらないと、生き残ることができないのである。一方、動物にはもっと選択肢があって、移住や冬眠をしたり、または植物のように生理機能や行動を環境の変化に合わせることもできる。

　どんな個体でも生き残るためには、1日あるいは1年の出来事を予測して、ライフサイクルにおける重要なイベントのタイミングを調整し、効率よく繁殖を成功させなければならない。環境条件の変化には、日照時間や降雨、気温だけでなく、生態ネットワーク全体の変化も含まれる。環境条件が好都合になる時期に、成長、生殖、子孫の生存などのタイミングを合わせている。食物連鎖の最下層（菌類や植物）に位置する生物のこうした重要なイベントは、上層に位置する生物のライフサイクルにおけるイベントの時期を規定する。つまり、多くの生物が春に繁殖するのは、食料が最も手に入りやすい時期だからである。また、子どもには成長する時間が十分あり、初めて迎える冬の過酷な環境も乗り切ることができる。そのために、父親と母親は交尾、受精、出産のタイミングを完璧に調整する必要がある。このタイミングを間違うと死を逃れられないので、強い選択圧がかかっている。

　理屈からいえば、年間の生殖時期を調整するために、環境から定期的に得られる時間信号ならば、何を利用してもよさそうなものである。しかし例えば、1月から2月が暖かくても、3月に寒の戻りがあるかもしれないということがあるので、気温は季節の移り変わりとともに変動するが正確性に欠ける。進化の過程で最も信頼性のある信号が選ばれることになるが、それが光周期（日長）だったということになる。日長の年間変化は、年によって変わることなく安定している。北半球の夏至は6月20日から21日くらいで、冬至は12月21日から22日くらいになる。季節変化を予期して準備するために、単細胞生物から巨大なアメリカ杉、シロナガスクジラまで驚くほど多様な生物が日長を利用している。

　1920年代に、ガーナー（Wightman Garner）とアラード（Henry Allard）は、その他の手がかりなしに、日長の変化によって植物

の開花が引き起こされること（光周性）を発見した。植物は季節を「知る」ために、光周期（昼の長さと夜の長さの割合）の暦を効果的に利用する。非赤道地域の植物には、種固有の臨界日長がある。臨界日長とは、光周期が非誘導性から誘導性へと切り替わる点である。秋に花が咲くダイズのような植物は、日長が短くなっていく時期に開花が誘発されるので、短日植物と呼ばれる。また、オオムギのような春から夏にかけて花が咲く植物は、日が長くなっていく時期に開花するので、長日植物と呼ばれる。さらに、コメやトウモロコシ、キュウリのように日長の変化に関係なく開花する植物もあり、これは中性植物と呼ばれる。

　1億4千万年以上もの間に、顕花植物は体内の分子時計につながる光受容体と情報伝達系をセットで進化させてきた。その時計のおかげで時刻と季節を定めることができる。例えば、植物の多くは冬の前には栄養成長を続け、大きくなった生殖器官が霜の被害を受けるのを避ける。そして春になると急に花を咲かせる。暑くて水不足の夏がくる前に開花して種子をつくるのである。

　ビュニング（Erwin Bünning）は1930年代に、植物と昆虫に関する自身の研究成果をもとにあるメカニズムを提案した。1日のリズムは12時間ごとに入れ替わる2つの相からなると推論したのである。それぞれを日中の明るさを好む相（親明相）、夜の暗さを好む相（親暗相）に分けた。地球に降り注ぐ太陽光は、親明相の時点では花芽形成（花成）を促進し、親暗相の時点では花成は促進されない。特定の臨界の光誘導相があり、光との相互作用が起こると、季節の時計が動き始める。図22は、長日植物におけるこのようなプロセスをまとめたもので、ビュニングが仮説として提唱した光周性制御の「外的符号モデル」が図示されている。体内時計は明暗サイクルに同調し、花成を刺激（フロリゲンとし

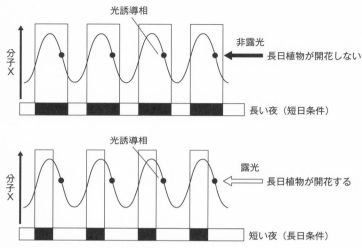

図22　ビュニングの仮説
　光周性制御の外的符号モデル。

　て作用）あるいは抑制する分子（ここでは分子「X」とする）の
発現リズムを制御する。分子Xのリズムは同調し、夕暮れを予
期するように発現が高まる。長日植物では、分子Xに光が当た
ることで花成が促進される（光誘導）。夜が長い時期（秋〜冬）は、
光誘導相（**図22**に●で示した）に光が当たらない。夜が短い時
期（春〜夏）は、光誘導相に光が当たり、光周性反応が起こる。
図22に示した長日植物では、光誘導相に光が当たることで花成
が促進されるが、短日植物では、光が当たることで花成は抑制さ
れる。

　シロイヌナズナ（*Arabidopsis thaliana*）は長日顕花植物で、植
物のサーカディアンリズム研究に欠かすことができない。シロイ
ヌナズナの突然変異体を使った実験で、光周性花成に体内時計が
関係していることが証明された。そのシロイヌナズナは、同じ変

異によって体内時計と光周性の両方の時間調整機能が失われた。しかし、ビュニングが予想していたよりも、正確なメカニズムは複雑であることがわかってきている。そこには、植物のもつ分子時計機構と葉にある光信号伝達分子の複雑な相互作用が存在している。確かに「外的符号」（**図22**参照）、すなわち光周期の感受性にサーカディアンリズムが存在するが、それとは別に「内的符号」と呼ばれるものも存在する。

　ピッテンドリー（Colin Pittendrigh）は、光周期の変化が体内における2つ以上の時計の位相の関係を変える、というモデルを提案した。時計の位相を同期または非同期させることによって、光誘導を促進または抑制する。ピッテンドリーのモデルでは、光は体内のいくつかの時計のリズムの位相の関係を制御するだけである。シロイヌナズナにおけるこうした相互関係を**図23**に示した。それは、以下のようにまとめることができる。体内時計は、GI（GIGANTEA）とFKF1（FLAVIN-BINDING KELCH REPEAT F-BOX1）という2つのタンパク質の発現・同調を制御する。青い波長の光が当たると、これらのタンパク質はGI-FKF1複合体を形成し、この複合体が光周性花成を制御する。長日条件下では（**図23**の上）、GIとFKF1の発現のピークが一致し（内的一致）、青色光が当たることでGI-FKF1複合体が蓄積する。GI-FKF1複合体は、CDFタンパク質（CDFs：cycling DOF factors）の分解を抑制する。CDFタンパク質は、DNAに直接結合する重要な植物の転写因子である。CDFタンパク質はCONSTANTS（コンスタンツ、以下CO）タンパク質を発現させる鍵遺伝子のプロモーターに結びつき転写を抑制する。夜明けには、CDFタンパク質がCOプロモーターに結合し、CO転写が抑制される。しかし、GIとFKF1が夜明け後に蓄積しGI-FKF1複合体が形成され、

114

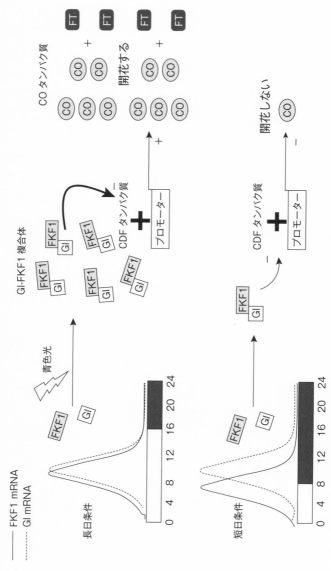

図23 シロイヌナズナの光周性花成制御のモデル

CDF タンパク質の発現は抑制される（外的符号）。これによって CO 転写の抑制が解除され、CO が蓄積する。蓄積した CO タンパク質は、補因子や *FT*（*FLOWERING LOCUS T*）遺伝子の制御領域に結合して花成を促進する。FT タンパク質は、「フロリゲン」つまり花成ホルモンという小さく可動性の大きいタンパク質である。この FT の量が花成の誘導に影響を及ぼす。FT は葉の脈管構造で合成され、茎頂分裂組織に運ばれて花成を促進する。短日条件下では（**図 23** の下）、FKF1 と GI の発現リズムのピークは一致しない。光が当たって GI-FKF1 複合体が蓄積しないと、日中の CO 発現は CDF タンパク質によってずっと抑制され、開花信号（花成誘導シグナル）は起こらない。

　光周性による花成制御の仕組みは、**図 23** に示したものよりも複雑なことが今ではわかっている。しかし、最初にビュニングが提唱し、ピッテンドリーが修正した仮説は、分子遺伝学の時代がくる前に発展したものであることを考えると、非常に先見の明があったと言える。実際に、体内時計が、動物を含めた様々な生物の季節行動をどのようにしてつくり出すか、という細胞分子メカニズムを研究するための強固な枠組みが、これらの概念によってもたらされた。

　秋と冬の間は、食料が手に入りにくいのに体温を維持するためにエネルギーがさらに必要、という状況に対処しなければならない。つまり特に小動物にとって、成長や繁殖といったエネルギーを必要とする重要なライフイベントは、何らかの季節時計を利用して、適した時期に行うように調整しなければならない。哺乳類や鳥類で小型のものは特に、秋から冬にかけて生殖腺が小さくなり精子生産や排卵が止まる。例えばハムスターのオスとメスは、日長が 12 時間半以上になると生殖器が発達しはじめ、子どもが

生まれると繁殖システムは働かなくなる。ヒツジのような大型動物は、秋に日長が短くなることによって繁殖行動が引き起こされるので、秋に妊娠し約150日間の妊娠期間を経て、次の春に子どもを出産する。春になって芽を出した草が豊富で母乳が安定して出る時期に子ヒツジは生まれ、その後乳離れする。北極圏のトナカイは冬に対処するためにいくつかの適応進化を示した。2層の毛皮からなる厚いコートを発達させたことの他に、フットパッドは縮んで硬くなり、蹄のへりが飛び出して硬く凍った雪にも食い込みやすく滑らないようになって、雪を掘り返して地衣類を食べることもできるようになった。

　体重が5kgを切るような小動物の中には、厳しい自然環境となる冬を越すために冬眠し、エネルギー消費を著しく低下させて生き残ろうとするものもいる。リスのように真の冬眠をする動物は、冬眠中は体温が0度近くまで下がり、心拍数も通常1分に350回のところ4回程度まで低くなる。クマの冬眠中は、それほど明らかではないものの心拍数は落ちるが、体温は通常時とほとんど変わらない。クマは真の冬眠をする動物ではなく、正確には「冬ごもり」（winter lethargy）と言われる。真の冬眠をする動物には、冬眠から覚める数日のわずかな期間を除いて、生物学的な睡眠の特徴がみられないが、冬ごもりをする動物は冬眠中も睡眠をしているのである。

　鳥の多くは、エネルギーを節約して寒い夜をしのぐために「休眠」状態になることはあるが、冬の間ずっと冬眠するのは、プアーウィルヨタカ（米国西部の州でみられる小さなヨタカ）しかいない（岩山に隠れて冬眠する）。ほとんどの鳥は、「渡り」を選択する。

　鳥類のうち65％が渡り鳥である。渡り鳥は、数週間の準備期間

中に、行動と生理機能にいくつかの変化が起こってから旅立つ。旅立ちの約2〜3週間前から著しく食欲が増して、食事量が増える。脂質の合成と蓄積の効率の向上も同時に起こる。渡りの準備にともない食事の内容にも変化が起こる。例えば、秋の渡りの前には、食べるものが虫からベリーなどの果物（糖質や脂質が豊富）に変わる。また、1年の大半を単独行動で過ごす渡り鳥も、渡りの前や最中には集団生活をするようになる。こうした社会的行動によって、捕食される危険性を小さくしたり、食料をみつけやすくすることや、飛ぶべき方向を間違えないようにすることができると考えられている。その他にみられる大きな変化として、もっぱら昼間に活動していたのが、渡りの途中には夜に飛行するようになる。浜辺の鳥や鳴鳥も含めて、渡りの途中には、多くの種が昼行性から夜行性へ変化する。

　鳥たちは北の繁殖地に着いたらすぐに繁殖の準備をしなければならない。つまり、渡りの途中から繁殖のプログラムは活性化している必要があるということである。生殖腺の活性化が必要といっても、タイミングを慎重にはからないといけない。まだ長距離を飛んで移動している途中に、生殖器の重さが増えるのには耐えられない。また、テリトリーを形成して求愛するために、到着したらすぐに適切な繁殖行動を開始することも必要である。そして、冬になって南に帰るときには、鳥たちの生殖器系は萎縮している。不思議なのは、どうやって鳥たちは渡りや換毛の時期を知るのだろうか。シマリスは冬眠の開始時期を、チョウのオオカバマダラは渡りの時期をどうやって知るのだろうか。

　その答えは、気温や降雨といった局地的状況ではない。それらの状況は微調整に影響を及ぼすかもしれないが、全体を動かす力となるのは日長である。追い風が吹いているか、雨が降っていな

いか等の局地的状況は、渡りの正確な日時には影響を及ぼすが副次的なものでしかない。全体として重要なのは日長の変化であり、さらにその変化の情報を取り込み、その信号を内分泌的反応に変換するメカニズムである。

　鳥類と哺乳類とでは、光周期の情報を感知し取り込む方法が異なる。哺乳類は網膜神経節細胞（pRGC）で光を感知する。この情報はSCNの体内時計に伝わり、多シナプス性の交感神経回路を介して松果体からのメラトニンの産生を支配する（第7章、図19）。松果体から放出されたメラトニンは夜の長さの情報を伝達するが、これが哺乳類の光周性反応に重要なのである。季節の移り変わりとともに変化する夜の長さを反映して、メラトニンが産生・分泌される時間帯は、長くなったり短くなったりする。

　一方、鳥類の光周性反応において、メラトニンは重要ではない。鳥類は、視床下部にある光受容器で日長を直接感知する。頭蓋骨を透過した光がいくつかの脳深部光受容器（DBP：deep-brain photoreceptor）で感知され、季節繁殖が制御される。これらの受容体にはVAオプシンが含まれる。さらに、おそらくメラノプシン（哺乳類のpRGCと同じ感光色素）も視床下部の細胞内に存在する。視床下部にはOPN5という感光色素をもつ他の種類の光受容器も存在し、光周期の検知に関係している可能性がある。このように光周期を検知するメカニズムは、哺乳類と鳥類で大きく異なるが、それより下流の出来事は似ていて、脳下垂体の隆起葉にある体内時計が関係している。そして、脳下垂体の隆起葉からの甲状腺刺激ホルモンの分泌と、チロキシンの活性化・非活性化が続いて起こる。

　図24に示した光周性情報の信号伝達経路は、最近になって英国と日本の研究者によって詳しく研究されたものである（訳注：

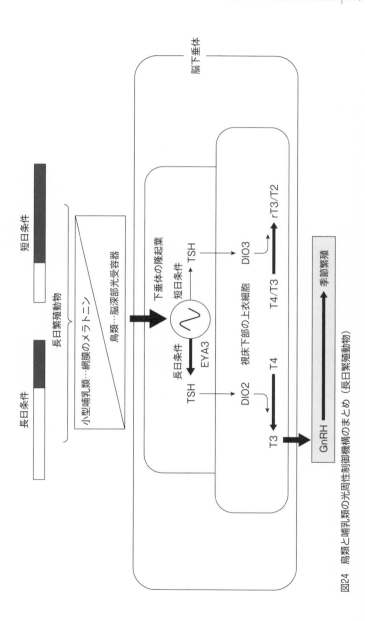

図24　鳥類と哺乳類の光周性制御機構のまとめ（長日繁殖動物）

名古屋大学の吉村崇らは、日照時間が長くなると成熟するウズラを用いて、春の情報を感知する季節時計の仕組みを解明した）。哺乳類では、暗闇の持続によって松果体からメラトニンが放出されると、脳下垂体の隆起葉にある体内時計によって検知される。夏に起こるようなメラトニンの動態（夜が短いのでメラトニンが放出される時間も短い）が信号として伝わると体内時計に制御され、時刻依存的に脳下垂体の隆起葉で発現する、EYA3と呼ばれる転写調節因子が活性化する。EYA3は甲状腺刺激ホルモン（TSH）の合成を亢進させる。一方、鳥類は夕暮れや夜明けを脳深部受容器によって感知する。しかし哺乳類と同じように、脳下垂体の隆起葉の体内時計によって明暗の持続を感知し、おそらくEYA3のような機能をもつ転写調節因子の発現を亢進させる。

　光を感知するシステムは鳥類と哺乳類ではっきりと異なるが、それより下流の経路はほぼ同じである。長日条件下では、脳下垂体の隆起葉からの甲状腺刺激ホルモンの合成・分泌が亢進する。甲状腺刺激ホルモンは移動して基底視床下部の分化した上衣細胞を刺激する。その細胞は有尾上衣細胞（タニサイト）と呼ばれ、2型脱ヨード酵素（DIO2）を産生する。2型脱ヨード酵素はチロキシンの前駆体（T4）を活性のあるトリヨードチロニン（T3）のかたちに変化させる。短日条件下では、上衣細胞が分泌する甲状腺刺激ホルモンはわずかであり、こうした環境下では3型脱ヨード酵素（DIO3）が産生される。3型脱ヨード酵素はT4とトリヨードチロニンを、不活性代謝産物であるリバーストリヨードチロニン（rT3）とジヨードチロニン（T2）に分解する（**図24**）。

　視床下部のトリヨードチロニン（T3）の濃度が上がると、生殖腺刺激ホルモン放出ホルモン（GnRH）神経細胞が刺激されてゴナドトロピンが分泌される。ゴナドトロピンは生殖器の発達を

促進し、それによってステロイドホルモン（テストステロン、プロゲステロン、エストロゲン）の分泌が増加する（**図 24**）。これらのホルモンが脳の受容器を刺激して、さえずり、縄張り威嚇、求愛などの生殖行動が促進される。トリヨードチロニンは GnRH 神経細胞を直接刺激せず、別の視床下部の神経細胞群を通して作用を及ぼす。これらの神経細胞はキスペプチン（訳注：武田薬品工業の大瀧徹也らが発見した）や RF アミド関連ペプチドという 2 つのペプチドを発現する。これらは、鳥類の生殖腺刺激ホルモン放出抑制ホルモンと呼ばれている。

　小型の哺乳類と鳥類は長日繁殖動物で、春に日長が増加することによって繁殖が引き起こされる。また、ヒツジやシカなど大型哺乳類は短日繁殖動物で、秋に繁殖が引き起こされる。つまり、2 型脱ヨード酵素は、短日繁殖動物ではなく長日繁殖動物の繁殖を引き起こし、3 型脱ヨード酵素は短日繁殖動物の繁殖を刺激する。

　中緯度で生活する動物種の季節行動において、日長は主要な情報源となる。日長に関する情報が限られている環境（例えば、赤道下では日長が年中およそ 12 時間であったり、高緯度地域では夏は 24 時間明るく冬は 24 時間暗い）、または日長が利用できなかったり、一時的にわからないような生活スタイル（例えば渡りや冬眠の最中）の場合は、他の時間調整システムを利用することになる。こうした動物種は、およそ 1 年周期の時計に頼っている。

　こうした時計の探索は、15 年あまり前にトロント大学の大学院生によって開始された。ペンゲリー（Ted Pengelly）は、どうして冬眠している動物が、地中に隔離されているのに適切な時期に冬眠から覚めて姿を現し、そのときの季節に生理機能を同期させることができるのか、という行動生理学上の重要な疑問に答え

たのである。彼はキンイロジリス（*Spermophilus lateralis*）を温度が一定の研究室で9年ものあいだ飼育し、12時間ごとに明暗を繰り返す条件（LD12:12）を維持した。すると、光周期は変化しないのにもかかわらず、ジリスが冬眠に入ったり覚めたりするのは、毎年ほぼ同じ時期だった。しかし、その間隔は正確には12か月ではなく、年月の経過とともに概年リズムは10〜11か月ほどの周期でフリーランがみられた。ペンゲリーは、ジリスを恒暗条件または恒明条件におく補足実験を行って検証した。間違いなくこれらの研究は、体内に概年時計があることを初めて結論づけた。恒常条件でもこの時計は動き、冬眠が周期的に毎年繰り返すように制御している。

　同じ時期にドイツで活動していた、グウィンナー（Eberhard Gwinner）という研究者がいる。彼は明暗条件が一定で変化しない環境におかれたキタヤナギムシクイ（*Phylloscopus trochilus*）の渡りの衝動（鳥たちが渡りの前に、夜に活動的になり落ち着きのない様子をみせること）が、毎年自然に高まっていくことを記録した。鳥の季節行動の時期調整に体内の概年時計が関与していることを初めて明白に証明する研究だった。

　たとえ恒常条件下でも（つまり光周期信号が利用できない）、多くの鳥類において、渡りの衝動や換羽のリズムが少なくとも10年くらいは持続し続ける。これは概年時計が渡りを引き起こすことの説得力のある証拠である。しかし、鳥の多くは光周期＋概日時計と概年時計の両方を利用しているようである。赤道地域では光周性信号は微弱で、おそらくどの季節でも昼と夜の長さの差は数分である。この弱い信号は感知されたとしても「雑音」でしかないが、概年時計が赤道地域から高緯度地域への渡りを引き起こす強固な信号を出すことで増強される。非常に高緯度の北の地

域では、光周性信号は急変する。ここでは、この光周性信号を鳥たちはいち早く検出し、概年時計と組み合わせることなく、高緯度から低緯度地域への渡りの時期を調整しているらしい。ヒツジたちも季節繁殖の時期を決めるのに光周性と概年時計の両方を利用している。ヒツジの中には、12時間ごとに明暗を繰り返す条件（LD12:12）下でも、生殖腺の発達と萎縮の季節リズムがみられるものもいる。概日時計と概年時計の働きのはっきりとした重複は、多くの生理機能プロセスに共通してみられる特徴である。つまり、違うシステムが重なり合って機能し、生理機能や行動の正確さを担保するのである。

　概年時計のある位置を特定するのはまだ難しいが、近年の研究によって脳下垂体の隆起葉に存在することが強く示唆されている。オスのヨーロッパハムスターの松果体を除去して（メラトニンによる情報がなくなる）、光周期が恒常な条件下においた場合、ハムスターの体重や精巣の大きさには、概年リズムがみられた。脳下垂体の隆起葉における甲状腺刺激ホルモンの発現は、はっきりとした季節変動をみせ、主観的夏に最も発現が盛んになった（**図24**）。こうした甲状腺刺激ホルモンの発現リズムと、視床下部の2型脱ヨード酵素やRFアミド関連ペプチドの発現リズムには相関がある。データを総合的にみると、甲状腺刺激ホルモンは脳下垂体の隆起葉から概年リズムをもって分泌され、繁殖活動を制御する視床下部の神経細胞を調整するのである。また、概年時計の信号と光周性信号は脳下垂体の隆起葉に集約され、甲状腺刺激ホルモン発現の季節パターンを引き起こして、生理機能をその季節に同調させる。鳥類や他の脊椎動物の脳下垂体の隆起葉に概年時計があるかどうかは、まだ研究の余地がある。

　つい最近まで、季節の移り変わりはヒトの生物機能に影響を及

ぼしていた。それは、生殖活動、免疫機能、病気、死などにも現れていた。しかし、電燈、エアコン、セントラルヒーティング、地球規模の食糧生産などにより、先進国に住む人々は、気温、食物、光周期などの季節変動から徐々に切り離されつつある。しかし、季節はいまだに我々の生活に影響を及ぼし続けている。ヒトの遺伝子の4分の1（調査された22,822個のうち5,136の遺伝子）には季節変動がみられる。冬に活性化する遺伝子もあれば、夏に活性化するものもある。遺伝子だけではなく、血液組成、体脂肪率を含めた我々の生物機能も季節によって変動する。このような変動が光周性あるいは概年時計（またはその両方）に由来するのか、単に環境によって引き起こされるのか、いまだにわかっていない。ヒトの概年リズムは社会的影響によって覆い隠されているが、おそらく我々の生理機能や病気にさえ重要な影響をもつであろうことが最近わかってきた。

体内時計を
進化から考える

　体内時計は、生化学・生理機能、行動の重要な側面をすべて制御している。植物、菌類、原生生物、藻類、無脊椎動物、脊椎動物、シアノバクテリアまで、そして古細菌の一種にさえもサーカディアンリズムがみられる。このリズムは、進化的に非常に古いものと思われる。それに関わる多くの分子成分がショウジョウバエからマウス、ヒトまで多様な種に共通してみられるからである。どのような種や分類群であれ、少なくとも真核生物においては、リズムが分子転写・翻訳フィードバックループという同じ仕組みによって形づくられているようである。コアとなる時計遺伝子のグループはお互いを制御して、mRNA 発現レベルが約 24 時間周期で確実にリズムを刻むようになっている（第 5 章）。

　体内時計は、すべての生物にみられる。昔からほとんど変わらない方法でリズムを生み出しているようなので、体内時計が生物にとって非常に有用であると推論するのも当然である。体内時計は、数十億年ものあいだ自然淘汰の中、保持され洗練されてきた

のである。しかし体内時計が個体の生き残りや繁殖の成功に全体的に貢献しているという実証的な証拠を示すことはとても難しい。

　実験室の清潔なケージの中で、食料と水が常に十分であれば、ラットやマウスは健康に成長する。SCNを切除してサーカディアンリズムを示さないラットやマウスも同じように育つ。そのようなラットやマウスが野生の自由な環境下で生活したとき、どのように食料を取り合い捕食者から逃げて生き残るか、ということはまったく別問題である。サウスカロライナ大学のデコーシー（Patricia DeCoursey）は、この難題に挑戦した。デコーシーは次のように述べている。

　観察対象は、人間が立ち入らない原野のような自然環境におかれている必要がある。常時追跡ができ、研究室でSCNを切除した後、数日でもとの環境に戻さなくてはならない。そして生存率、死亡率、日常生活リズムなどの生理的特性を、生きているあいだずっと記録し続ける必要がある。無線追跡や埋め込み式データ記録機などの自動遠隔測定法は、こうした課題の負担を軽減してくれる。しかし追跡に必要な手間は、実験者にとってデータ測定のための一番の大きな課題となっている。

　デコーシーらによるこの画期的な研究は、アレゲーニー山脈の4ヘクタール区画の森林において、シマリスを使って18か月間行われた。最初に74匹のシマリスを捕らえて、3つのグループに分けた。すべてのリスに無線発信機つきの首輪がつけられた。最初のグループはSCNが切除されリズムがみられない。2番目のグループは実際に切除をしない擬似手術を行い、最後のグループは何も手術をしないコントロール群となる。無線発信機によって

0.5m の精度で位置を特定することができ、その動きを継時的に変化する信号として受信することができる。

　研究のスタート時点では、それまでの 2 年間の非常に恵まれた環境の中で、シマリスの生息密度は最高になっていた。実験を行った区画には 126 匹のシマリスの成体が生息していて、環境収容力のほぼ上限の状態だった。シマリスの死亡率は非常に低く、研究の開始時点まで捕食者はみられなかったが、シマリスが非常にたくさんいることが捕食者を引き寄せた。主に SCN を切除した個体を獲物にし始め、数週間のあいだにこの SCN 切除群のリスは激減してしまったのである。その犯人である可能性がもっとも高いのはイタチである。イタチは猛々しい肉食動物で、毎日自分の体重と同じくらいの餌を食べる。どうやってイタチが SCN が切除されたシマリスを見分けているのかはよくわからない。またその後、このような大規模な研究は行われておらず、結局どうして SCN を切除されたシマリスが狙われやすいのかは、わからないままである。

　もっと扱いやすい生物種を用いて、別の取り組みもされている。体内時計と位相がずれた明暗サイクルの中で成長することが、生物に悪影響を及ぼすかどうかを調べた研究である。ヴァンダービルト大学のジョンソン（Carl Johnson）は、シアノバクテリアの成長率に対する明暗サイクルの影響を研究した。異なるサーカディアンリズムの周期をもった 2 つの群のシアノバクテリアを一緒にして、様々な明暗サイクルのもとでフラスコ培養した（例えば LD10:10）。その結果、その明暗サイクルが体内時計と最も一致している群が、あっという間にもう 1 つの群を圧倒し、培養フラスコ内で優勢になった。この説得力のある研究結果は、生物にとって体内の周期と外部環境の周期ができるだけ一致しているこ

とが利益になることを示唆している。しかし繰り返すが、このように体内時計周期が、外部環境に近い変異株の適応度を上昇させる基礎的な仕組みについては、正確にはわかっていない。

突然変異によって体内時計の周期長が変化したシロイヌナズナ（*Arabidopsis thaliana*）を、様々な明暗サイクルの条件下において調べた研究もある。外部環境のほうが周期が短い、同じ、長いという条件で分けて比べると、体内時計が環境の明暗サイクルにあっている場合ほど、光合成が盛んになって成長し生き残る確率が高くなる。同じような研究として、タウ変異体ハムスター（20時間の周期をもつ）やショウジョウバエ変異体を用いたものがある。これらの変異体の体内時計の周期は24時間ではないが、24時間周期の環境においた場合に、寿命が20％あまり縮むことがわかっている。また繰り返しになるが、このように寿命が縮むメカニズムについてはわかっていない。

シロイヌナズナには、イラクサギンウワバ（*Trichoplusia ni*）の時計制御された食餌行動にタイミングを合わせた効率のよい防御応答機構が備わっている。イラクサギンウワバは基本的に日中に食餌をする。その活動に合わせて、植物の体内時計は様々なホルモンによる防御機構（特にジャスモン酸類といわれる酸化型脂肪酸化合物）を働かせる。葉から放出されるジャスモン酸類の量は正午に最大になる。体内の位相をイラクサギンウワバの食餌活動に同調させる植物は、そうしない植物よりも組織損傷が目に見えて少なかった。そもそもジャスモン酸類をもたない植物には、位相を同調させる利点はない。ジャスモン酸類は虫に傷つけられると放出され、シロイヌナズナの葉が傷を受けたときに、修復する方向に働く遺伝子の発現を誘導するのに関与する。しかし、植物がジャスモン酸類を合成するには時間がかかる。ジャスモン酸

類の生合成をサーカディアン制御し、イラクサギンウワバの食餌行動の時間を予測することによって、攻撃された後すぐにジャスモン酸類を放出できるようになる。この例は、植物にとって体内時計をもつことがいかに利点になるかを示している。しかし、こうした植物の応答が適応度（個体の繁殖の成功）の上昇にまで結びつくかどうかについては、決定的な、あるいはそれに近い証拠はない。

　期待されたほど完全な証拠はないにしても、生物の進化の歴史において、体内時計が欠かすことのできない重要なものであったことは意見の一致をみている。初期から唱えられていて今でも説得力のある考え方として、「光忌避」説がある。その仮説によると、太陽光による DNA 損傷を避けられるという意味で、遺伝子転写に周期があることは、原始の進化の歴史において選択優位性があったと考えられる。30 億年ほど前には酸素が存在せずオゾン層によるフィルターもなかったので、そこに生きる原始生命は太陽が出ている間は容赦のない紫外線の攻撃にさらされていた。昼間の太陽光へ対処するより、夜に DNA 修復作業を振り分けてあらかじめ準備をしておくほうが有利だったのだろう。

　シアノバクテリアは、少なくともストロマトライトの形で30億年のあいだ存在してきた。シアノバクテリアは核をもたない単細胞生物だが、代謝反応を外部環境に合わせて同調させている。実際に、真核生物の約 10〜20% の遺伝子の発現にはリズムがあるが、シアノバクテリアでは、もっと多い割合の遺伝子が（ある研究ではすべての遺伝子が）サーカディアン制御されている。シアノバクテリアの光合成（同化）は日中に、呼吸（異化）は夜中に分けて行われている。ほぼ両立しない代謝プロセスがこのように時間的に分離していることは、体内の時間調整機構を進化させる

推進力になったかもしれない。3つの遺伝子（*kaiA*、*kaiB*、*kaiC*。この名称は日本語の「回」に由来している）が、シアノバクテリアの体内時計の主要な構成要素である。まずシアノバクテリアの時計機構は、まるで転写・翻訳フィードバックループのようで、時計タンパク質が自らのプロモーターを自己調節する。しかし、これらのタンパク質は、転写・翻訳フィードバックループを生み出すために相互に作用し合うが、これらの遺伝子の転写・翻訳を止めても、Kai タンパク質そのものによってサーカディアンリズムは生み出される。

名古屋大学の近藤孝男は、タンパク質の KaiA、KaiB、KaiC とアデノシン三リン酸（ATP、「エネルギー」分子）を試験管で培養した。そして、この4つの要素があるだけで、KaiC のリン酸化－脱リン酸化が約24時間で周期的に繰り返されることを示した。図25 に示したように、KaiA は KaiC の ATP によるリン酸化を、KaiB は KaiC の脱リン酸化を引き起こす。KaiC のリン酸化におけるサーカディアンリズムは、恒暗条件でも持続し、また温度補償性がみられる。この体内時計に欠かすことのできない特性は、3種類の Kai タンパク質とその相互作用の中に埋め込まれている。KaiC のリン酸化は温度の周期（自然界だと明暗サイクルに相当する）に安定して同調されている。加えて KaiC は出力系の一部で、SasA のような下流タンパク質に作用して、窒素固定、光合成、細胞分裂などのサーカディアンリズムを制御しているようである。

これらの発見は、生化学的な「タンパク翻訳後振動」（タンパク翻訳後修飾）が、シアノバクテリアの分子時計機構の一部として働いていることを示している。このタンパク翻訳後振動は、試験管内でリズムをつくりだすには十分だが、シアノバクテリアの生

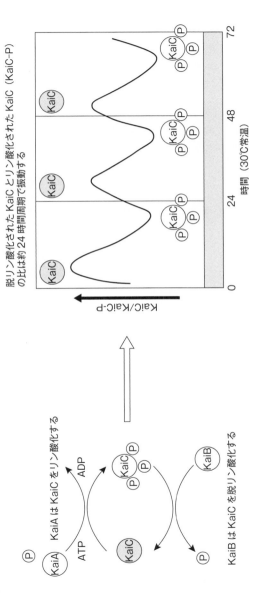

図25　タンパク質のリン酸化により生み出されるリズム

ATP があれば、たった3つのタンパク質（KaiA, KaiB, KaiC）の相互作用によって、シアノバクテリアのサーカディアンリズムが生じる。温度一定の条件下でリズムは持続する。リズムには温度補償性がみられ、温度サイクルに同調する。

体内の体内時計は、転写・翻訳フィードバックループもつくりだす。転写・翻訳フィードバックループによって、調節タンパク質 KaiC をコードする kaiCmRNA は、kaiB、kaiC 遺伝子の発現を抑制するだけでなく、シアノバクテリアのゲノムのすべての遺伝子の日内発現を抑制する。Kai タンパク質によって発生する転写・翻訳フィードバックループはタンパク翻訳後振動を増幅するが、そのタンパク翻訳後振動よりも強固で安定していることがわかっている。このことは、自然界で予想外の環境変化に対応するために重要な仕組みなのだろう。

　タンパク翻訳後振動が発見されたことによって、サーカディアンリズムがどのように生み出されるのかについての考え方が変化した。そして、新たな画期的な発見への道が開かれた。ケンブリッジ大学のレディ（Akhlish Reddy）とオニール（John O'Neill）は、単離したヒトの赤血球にサーカディアンリズムがみられることを示した。成熟した赤血球には核や細胞内小器官がないので、DNA はまったく存在せず、mRNA の合成もできない。よって、このようなサーカディアンリズムがみられたのは予想外のことだった。それだけでなく、レディらは抗酸化タンパク質であるペルオキシレドキシンが、ほぼ24時間周期で還元状態と酸化状態のあいだを変化することも示した。ペルオキシレドキシンは、細胞が通常のエネルギー産生活動をする際に副産物として生じる細胞内の過酸化水素（H_2O_2）を除去する。

　ヒト赤血球のサーカディアンリズムにおいて、タンパク翻訳後振動が働くメカニズムは、まだはっきりとわかっていない。ここで、シアノバクテリアの研究などのデータから、ある疑問が湧いてくる。それは、ひょっとして多くの細胞が、強固な転写・翻訳フィードバックループに加えて、複数のあまり安定していない生

化学的なタンパク翻訳後振動の両方をもっているのではないだろうか、ということである。細胞の転写・翻訳フィードバックループは、時計タンパク質を含めた主要タンパク質の転写を引き起こす、非常に安定して同調したサーカディアンリズムを生み出す。そして、もう1つの転写・翻訳フィードバックループの役割は、生化学的なタンパク翻訳後振動を安定・増幅させることである。細胞に特異的なタンパク翻訳後振動は、細胞の生化学的機能にサーカディアンリズムを引き起こすことによって、その細胞の正確な時間管理に大きく貢献しているだろう。この仮説にのっとれば、真核生物の細胞の活動がすべて周期的なのに、トランスクリプトームのうち20～30％しかmRNA発現にリズムがみられない事実の説明ができそうである。転写・翻訳フィードバックループは、トランスクリプトームを動かす一方で、生化学的機能のリズムはタンパク翻訳後振動によって動かされるのだろうか。もちろんこの仮説は、正しくないかもしれない。また、タンパク翻訳後振動はとても珍しく、いくつかの特殊なタイプの細胞にしかみられないかもしれない。どちらにしても、サーカディアンリズムの分子機構に関する新しい考え方が、このように模索されている。

　サーカディアン調整システムが進化した、本当の理由を解明することはたいへん難しい。しかし、我々のゲノムには、大昔からある種の時間調整システムが書き込まれてきたことはわかっている。時計が進化した頃の世界は、我々が今生きている世界とは大きく異なっている。たった150年前には電気が普及していなくて、太陽の動きに合わせて我々は生活していたのである。今はもう存在しない世界に対して、我々ヒトは準備を怠っていないと言えるだろう。現代社会には、きちんとした24時間のパターンが存在しない。自然界における光、気温、食料の獲得しやすさなどの

はっきりとした環境変化は、現代の 24 時間週 7 日休みのない社会によって覆い隠されてしまっているのである。このような太古から受け継がれてきた体内時計のシステムが生物機能に組み込まれている我々は、24 時間社会と呼ばれる現代社会で健康で過ごし生産性を上げていくために、体内時計がどのように働き、発達し、生理機能や行動を制御しているかをもっとよく知る必要がある。

訳者あとがき

　著者の1人であるラッセル・G・フォスター博士とは古くからの友人であり、国際学会で何度もご一緒した。その関係で大修館書店から翻訳の依頼をいただいたとき、縁を感じ気楽に引き受けた。もちろん、体内時計に関する業績が2017年のノーベル生理学・医学賞を受賞したのも、きっかけの1つである。

　しかしやってみると大変な作業であり、事実関係を確認するために、著者のラッセル博士はもちろん、近藤孝男博士（名古屋大学）や深田吉孝博士（東京大学）にもメールや電話を差し上げた。また、大修館書店の平井健二氏の献身的努力なしには完成しなかった。心よりこれらの方々にお礼申し上げる。

　最後に、この「体内時計のミステリー」があらゆる分野の研究者から学生ばかりでなく、多くの皆さまから長く愛される本となることを願い、訳者の言葉としたい。

2020年1月

時間生物学研究所所長

石田直理雄

136

図一覧

参考文献

Chapter 1　サーカディアンリズム－体内時計による 24 時間周期現象－

Dunlap, J. C., Loras, J. J., and DeCoursey, P. J. (2011). *Chronobiology.* Sinauer Associates Inc.

Foster, R. G. and Kreitzman, L. (2004). *Rhythms of Life: The Biological Clocks that Control the Daily Lives of Every Living Thing.* Profile Books.

Pittendrigh, C. S. (1993). Temporal Organization: Reflections of a Darwinian Clock-Watcher. *Annual Review of Physiology*, 55, 17-54.

Chapter 2　１日の中で決まった時刻に起こる生命現象

Anderson, J. A., Campbell, K. L., Amer, T., Grady, C. L., and Hasher, L. (2014). Timing is everything: Age Differences in the Cognitive Control Network are Modulated by Time of Day. *Psychology & Aging*, 29, 648-57.

Biss, R. K., and Hasher, L. (2012). Happy as a Lark: Morning-type Younger and Older Adults are Higher in Positive Affect. *Emotion*, 12, 437-41.

Bollinger, T., and Schibler, U. (2014). Circadian Rhythms: From Genes to Physiology and Disease. *Swiss Medical Weekly*, July 2014.

Lemmer, B., Kern, R.-I., Nold, G., and Lohrer, H. (2002). Jet Lag in Athletes after Eastward and Westward Time-Zone Transition. *Chronobiology International*, 19, 743-64.

Thuna, E., Bjorvatn, B., Flo, E., Harris, A., Pallesen, S. (2015). Sleep, Circadian Rhythms, and Athletic Performance. *Sleep Medicine Reviews*, 23, 1-9.

Chapter 3　体内時計が乱れると

Arendt, J. (2010). Shift Work: Coping with the Biological Clock. *Occupational Medicine*, 60, 10-20.

Bhatti, P., Mirick, D. K., and Davis, S. (2012). Shift Work and Cancer. *American*

Journal of Epidemiology, 176, 760-3.

Buxton, O. M., Cain, S. W., O'Connor, S. P., Porter, J. H., Duffy, J. F., Wang, W., Czeisler, C. A., and Shea, S. A. (2012). Adverse Metabolic Consequences in Humans of Prolonged Sleep Restriction Combined with Circadian Disruption. *Science Translational Medicine*, 4, 129-43.

Chen, L., and Yang, G. (2015). Recent Advances in Circadian Rhythms in Cardiovascular System. *Frontiers in Pharmacology*, 6, 71-8.

Eisenstein, M. (2013). Stepping Out of Time. *Nature*, 497, Sl0-12.

Foster, R. G., Peirson, S. N., Wulff, K., Winnebeck, E., Vetter, C., and Roenneberg, T. (2013). Sleep and Circadian Rhythm Disruption in Social Jetlag and Mental Illness. *Progress in Molecular Biology and Translational Science*, 119, 325-46.

Jagannath, A., Peirson, S. N., and Foster, R. G. (2013). Sleep and Circadian Rhythm Disruption in Neuropsychiatric Illness. *Current Opinion in Neurobiology*, 23, 888-94.

Jones, C. R., Huang, A. L., Ptáček, L. J., and Fu, Y. H. (2013). Genetic Basis of Human Circadian Rhythm Disorders. *Experimental Neurology*, 243, 28-33.

Kondratova, A. A., and Kondratov, R. V. (2013). The Circadian Clock and Pathology of the Ageing Brain. *Nature Reviews Neuroscience*, 13, 325-35.

Marquié, J.-C., Tucker, P., Folkard, S., Gentil, C., and Ansiau, D. (2015). Chronic Effects of Shift Work on Cognition: Findings from the VISAT Longitudinal Study. *Occupational and Environmental Medicine*, 72, 258-64.

Pritchett, D., Wulff, K., Oliver, P. L., Bannerman, D. M., Davies, K. E., Harrison, P. J., Peirson, S. N., and Foster, R. G. (2012). Evaluating the Links between Schizophrenia and Sleep and Circadian Rhythm Disruption. *Journal of Neural Transmission*, 119, 1061-75.

Roenneberg, T., Allebrandt, K. V., Merrow, M., and Vetter, C. (2012). Social Jetlag and Obesity. *Current Biology*, 22, 939-43.

Chapter 4　体内時計に光を当てる

Douglas, R., and Foster, R. G. (2015). The Eye: Organ of Space and Time.

Optician, 20 March 2015.

Foster, R. G., and Hankins, M. W. (2007). Circadian Vision. *Current Biology*, 17, R746-51.

Foster, R. G., and Kreitzman, L. (2004). *Rhythms of Life: The Biological Clocks that Control the Daily Lives of Every Living Thing*. Profile Books.

Hughes, S., Jagannath, A., Rodgers, J., Hankins, M. W., Peirson, S. N., and Foster, R. G. (2016). Signalling by Melanopsin (OPN4) Expressing Photosensitive Retinal Ganglion Cells. *Eye*, 30, 247-54.

Jagannath, A., Butler, R., Godinho, S. I., Couch, Y., Brown, L. A., Vasudevan, S. R., Flanagan, K. C., Anthony, D., Churchill, G. C., Wood, M. J., Steiner, G., Ebeling, M., Hossbach, M., Wettstein, J. G., Duffield, G. E, Gatti, S., Hankins, M. W., Foster, R. G., and Peirson, S. N. (2013). The CRTC1-SLK1 Pathway Regulates Entrainment of the Circadian Clock. *Cell*, 154, 1100-11.

Moore, R. Y. (2013). The Suprachiasmatic Nucleus and the Circadian Timing System. *Progress in Molecular Biology and Translational Science*, 119, 1-28.

Ralph, M. R., Foster, R. G., Davis, F. C., and Menaker, M. (1990). Transplanted Suprachiasmatic Nucleus Determines Circadian Period. *Science*, 247, 975-8.

Schibler, U., Ripperger, J., and Brown, S. A. (2003). Peripheral Circadian Oscillators in Mammals: Time and Food. *Journal of Biological Rhythms*, 18, 250-60.

Welsh, D. K., Logothetis, D. E., Meister, M., and Reppert, S. M. (1995). Individual Neurons Dissociated from Rat Suprachiasmatic Nucleus Express Independently Phased Circadian Firing Rhythms. *Neuron*, 14, 697-706.

Yamazaki, S., Numano, R., Abe, M., Hida, A., Takahashi, R., Ueda, M., Block, G. D., Sakaki, Y., Menaker, M., and Tei, H. (2000). Resetting Central and Peripheral Circadian Oscillators in Transgenic Rats. *Science*, 288, 682-5.

Chapter 5 分子時計がリズムを刻む

Aguilar-Arnal, L., and Sassone-Corsi, S. (2014). Chromatin Landscape and Circadian Dynamics: Spatial and Temporal Organization of Clock

Transcription. *Proceedings of the National Academy of Sciences*, 122, 6863-70.

Hardin, P. E. (2011). Molecular Genetic Analysis of Circadian Timekeeping in *Drosophila. Advances in Genetics*, 74, 141-73.

Konopka, R. J., and Benzer, S. (1971). Clock Mutants of *Drosophila melanogaster. Proceedings of the National Academy of Sciences*, 68, 2112-16.

Partch, C. L., Green, C. B., and Takahashi, J. S. (2013). Molecular Architecture of the Mammalian Circadian Clock. *Trends in Cell Biology*, 24, 90-9.

Sehgal, A. (ed.) (2004). *Molecular Biology of Circadian Rhythms*. John Wiley and Sons.

Weiner, J. (1999). *Time, Love, Memory*. Vintage Books.

Chapter 6　睡眠─最もわかりやすい 24 時間のリズム─

Lockley, S. W., Foster, R. G. (2012). *Sleep: A Very Short Introduction*. Oxford University Press.

Saper, C. B., Scammell, T. E., and Lu, J. (2005). Hypothalamic Regulation of Sleep and Circadian Rhythms. *Nature*, 437, 1257-63.

Saper, C. B. (2013). The Neurobiology of Sleep. *Sleep Disorders*, 19, 19-31.

Chapter 7　体内時計と代謝

Bass, J. (2012). Circadian Topology of Metabolism. *Nature*, 491, 348-56.

Jha, P. K., Challet, E., and Kalsbeek, A. (2015). Circadian Rhythms in Glucose and Lipid Metabolism in Nocturnal and Diurnal Mammals. *Molecular and Cellular Endocrinology*, 418, 74-88.

Kalsbeek, A., la Fleur, S., and Fliers, E. (2014). Circadian Control of Glucose Metabolism. *Molecular Metabolism*, 3, 372-83.

Chapter 8　生命の季節時計

Dardente, H., Hazlerigg, D. G., and Ebling, F. J. P. (2014). Thyroid Hormone and Seasonal Rhythmicity. *Frontiers in Endocrinology*, 5, 1-11.

Foster, R. G., and Kreitzman, L. (2009). *Seasons of Life: The Biological Rhythms that Enable Living Things to Survive and Thrive*. Profile Books.

Greenham, K., and McClung, R. (2015). Intrgrating Circadian Dynamics with Rhysiological Processes in Plants. *Nature Reviews Genetics*, 16, 598-610.

Hut, R. A., Dardente, H., and Riede, S. J. (2014). Seasonal Timing: How Does a Hibernator Know When to Stop Hibernating? *Current Biology*, 24, R6025.

Song, Y. H., Ito, S., and Imaizumi, T. (2013). Flowering Time Regulation: Photoperiod- and Temperature-Sensing in Leaves. *Trends in Plant Science*, 18, 575-83.

Wood, S., and Loudon, A. (2014). Clocks for All Seasons: Unwinding the Roles and Mechanisms of Circadian and Interval Timers in the Hypothalamus and Pituitary. *Journal of Endocrinology*, 222, R39-R59.

Chapter 9   体内時計を進化から考える

Egli, M., and Johnson, C. H. (2013). A Circadian Clock Nanomachine that Runs without Transcription or Translation. *Current Opinion in Neurobiology*, 23, 732-40.

Goodspeed, D., Chehab, E.W., Covington, M. F., and Braam, J. (2013). Circadian Control of Jasmonates and Salicylates: The Clock Role in Plant Defense. *Plant Signaling & Behavior*, 8, e23123 .

Kondo, T., Strayer, C. A., Kulkarni, R. D., Taylor, W., Ishiura, M., Golden, S. S., and Johnson, C. H. (1993). Circadian Rhythms in Prokaryotes: Luciferase as a Reporter of Circadian Gene Expression in Cyanobacteria. *Proceedings of the National Academy of Sciences*, 90, 5672-6.

Ouyang, Y., Andersson, C. R., Kondo, T., Golden, S. S., and Johnson, C. H. (1998). Resonating Circadian Clocks Enhance Fitness in Cyanobacteria. *Proceedings of the National Academy of Sciences*, 95, 8660-4.

Reddy, A. B., and Rey, G. (2014). Metabolic and Nontranscriptional Circadian Clocks: Eukaryotes. *Annual Review of Biochemistry*, 83, 165-89.

索引

ま

や

148

[著者紹介]

ラッセル・G・フォスター（Russell G. Foster）
オックスフォード大学睡眠・体内時計研究所教授兼部長、ヌーフィールド眼科学研究所所長。桿体と錐体以外の第3の光受容体の発見で、英国王立科学協会会員や英国医学アカデミーの会員に推挙される。2015年大英帝国勲章受章。

レオン・クライツマン（Leon Kreitzman）
オックスフォード大学ヌーフィールド保健センター客員研究員。The 24 Hour Society（Profile Books, 1999）など、一般科学書を多数執筆。

[訳者紹介]

石田　直理雄（いしだ　のりお）

1955 年生まれ。筑波大学第二学群生物学類卒業。1986 年 京都大学医学研究科生理系
博士課程修了（医学博士）。工技院微生物工業技術研究所主任研究員、産業技術総合
研究所バイオメディカル上席研究員、筑波大学連携大学院教授、東京工業大学大学院
生命理工学研究科客員教授などを経て、現在、（公財）国際科学振興財団時間生物学
研究所所長（つくば市）。専門は体内時計の分子生物学、睡眠異常と認知症の関係。
主な著書として、『生物時計のはなし－サーカディアンリズムと時計遺伝子』（羊土社、
単著）、『時間生物学事典』（朝倉書店、共編）ほか。

体内時計のミステリー
最新科学が明かす睡眠・肥満・季節適応
©Norio Ishida, 2020　　　　　　　　　　　NDC498 ／ vii, 151p ／ 19cm

初版第1刷発行————2020年3月20日

著者————————ラッセル・G・フォスター／レオン・クライツマン
訳者————————石田直理雄
発行者———————鈴木一行
発行所———————株式会社 大修館書店
　　　　　　　　　　〒113-8541 東京都文京区湯島2-1-1
　　　　　　　　　　電話 03-3868-2651（販売部）　03-3868-2297（編集部）
　　　　　　　　　　［出版情報］ https://www.taishukan.co.jp

装丁者———————中村友和（ROVARIS）
編集協力——————錦栄書房
印刷所———————広研印刷
製本所———————難波製本

ISBN 978-4-469-26881-2　　Printed in Japan
Ⓡ本書のコピー，スキャン，デジタル化等の無断複製は著作権法上での例外を除き禁じられています。本書を代行業者等の第三者に依頼してスキャンやデジタル化することは，たとえ個人や家庭内での利用であっても著作権法上認められておりません。